SUMARIO

El objetivo principal de este trabajo es especificar normas para los levantamientos hidrográficos, de manera que los datos recogidos de acuerdo con estas normas sean lo suficientemente precisos y que la incertidumbre espacial de los datos sea adecuadamente cuantificada, para ser usados por los navegantes, como usuarios primarios de esta información.

Esta tesina, constituye un análisis a lo largo del proceso de formación de los parcelarios. Trata de ver el modo en que se va dando solución al problema cartográfico, cuya finalidad es imprimir información en la carta para que se lleve a cabo la navegación de forma segura.

El proceso, consiste, básicamente, en la compilación de los datos aportados por los trabajos de tierra y los de mar (que son los más importantes) que contribuyen al levantamiento del parcelario, que es la base de la carta de navegación.

Los resultados de un levantamiento hidrográfico, junto con el parcelario en sí, forman la memoria del levantamiento. Dicha memoria será el documento que permita una interpretación inequívoca de todos los datos que estén encuadrados en ella.

INDICE DE CONTENIDOS

ABREVIATURAS

AC .- Antes de Cristo

B/H .- Buque hidrográfico

CD .- Círculo directo

CENTS .- Centesimales

CI .- Círculo inverso

Cms .- Centímetros

DC .- Después de Cristo

Dif .- Diferencia

Dist .- Distancia

E .- Este

ED 50 .- Datum Europeo 1950

Ej .- Ejemplo

Etc .- Etcétera

GPS .- Sistema de posicionamiento mundial

Hg .- Mercurio

Ibidem .- Cita anterior

IGN .- Instituto Geográfico Nacional

IHM .- Instituto Hidrográfico de la Marina

INH .- Instrucción Normativa de Hidrografía

Kcs .- Kilociclos

Khz .- Kilohercios

Km .- Kilómetros

Kms .- Kilómetros

Lat .- Latitud

Lon .- Longitud

Lo .- Lectura del Cero Hidrográfico en la regla de mareas

M .- Metros

Mm .- Milímetros

M/seg .- Metros por segundo

Mts .- Metros

N .- Norte

Op.Cit. .- Obra citada

P .- Página

Pc .- Ordenador personal

Pp .- Páginas

P.P. .- De página X a página Y

Pto .- Punto

RCH .- Red de Control Hidrográfico

S .- Sur

Sexag .- Sexagesimales

SHIME .- Sistema Hidrográfico Integrado de la Marina Española

TU .- Tiempo universal

T2 .- Teodolito de 2º orden

T3 .- Teodolito de 3º orden

UTM .- "Universal Transverse Mercator"

VHF .- Frecuencia muy alta

W .- Oeste

WGS 72 .- Sistema geodésico mundial de 1972

WGS 84 .- Sistema geodésico mundial de 1984

INTRODUCCIÓN

En los últimos tiempos, y más concretamente desde la llegada de los sistemas de situación por satélite, se habla bastante del datum geodésico, y no siempre con la debida precisión.

El motivo por el que las situaciones que proporciona el receptor del satélite de navegación, no sean trasladables directamente a la carta, está relacionado con el punto anterior, y se debe a que el receptor y la carta de navegación operan con sistemas de referencia de coordenadas distintos.

En realidad, las confusiones sobre el datum vienen de antiguo y en parte se deben a que cuando se empezó a utilizar en nuestras cartas el llamado Datum Potsdam, no se explicó a los navegantes lo que esto suponía. Posiblemente se pensó que si hasta entonces el usuario de la carta de navegación no había tenido necesidad de saber lo que era el datum, las cosas no tenían por qué cambiar. A este respecto se puede mencionar, a modo anecdótico, el caos que se creó hace algunos años en un fondeo de la flota, por el hecho de utilizar los barcos dos cartas de la misma zona en distinto datum y una de ellas en el llamado Datum Potsdam.

Tal vez sea en este punto, precisamente, donde resida la originalidad del trabajo.

Tras la aclaración del punto anterior, esta tesina avanza hacia la recopilación de todas las normas que se siguen para realizar los levantamientos hidrográficos. A simple vista quizás parezca sencillo, pero hay que tener en cuenta que no existen apenas publicaciones sobre este tema, y que los textos publicados corresponden a la llamada edad de oro de la hidrografía, lo que provoca que cada buque hidrográfico utilice sus propios métodos basados fundamentalmente en la experiencia.

La vertiginosa evolución de la electrónica digital provoca una continua renovación en los instrumentos de medida y cálculo y, por tanto, en la metodología seguida en los levantamientos hidrográficos. Ello obliga a un continuo esfuerzo de actualización de la doctrina hidrográfica, si se quiere preservar la coherencia entre los datos que todos los barcos producen.

En este trabajo se ha mantenido la metodología de lo que hoy se conoce como "sondas clásicas" en la conciencia de que, no solamente es la más formativa de cuántas existen, sino que, además, siempre será un recurso "in extremis".

Respecto a las fuentes utilizadas para la realización de esta tesina, gran parte de ellas han sido fuentes orales, algunas de ellas dependientes del Instituto Hidrográfico de la Marina y el resto pertenecientes a buques hidrográficos (Malaspina, Tofiño y Rigel). En lo referente a las fuentes documentadas, se han consultado apuntes y libros prestados por cartógrafos, hidrógrafos, ingenieros geodésicos y topógrafos, además de libros de instrucciones de equipos, revistas generales de marina, parcelarios, y normativas internacionales.

El trabajo queda estructurado en cuatro capítulos, con una introducción histórica, para después dar paso a una serie de conceptos generales referentes a la hidrografía. El capítulo segundo trata sobre los trabajos que se realizan desde tierra en los levantamientos hidrográficos, describiendo los diferentes métodos utilizados habitualmente, para finalizar con las aplicaciones informáticas existentes. En el tercer capítulo se estudian los trabajos más importantes de la hidrografía, que no son otros que los que se llevan a cabo en la mar. Y el último capítulo resume lo que es una memoria de la elaboración de un parcelario.

CAPÍTULO I

GENERALIDADES

1.1.- INTRODUCCIÓN HISTÓRICA

Podríamos definir la *Cartografía* como la Ciencia y el Arte de expresar gráficamente, mediante mapas y cartas, el conocimiento de la superficie de la Tierra. Es Ciencia, porque se basa en la coordinación de observaciones astronómicas con mediciones topográficas y geodésicas, utilizando técnicas matemáticas de cálculo y análisis; y es Arte, porque tiene en cuenta las leyes estéticas de simplicidad, claridad y armonía, procurando alcanzar un ideal artístico de belleza.

Nunca sabremos cuándo, dónde ni con qué objeto se le ocurrió por primera vez a alguien la idea de dibujar un boceto para comunicar un concepto de lugar. Antes de que los europeos llegaran al Pacífico, los indígenas de las islas Marshall ataban unos palos para indicar los vientos dominantes y el vaivén de las olas. Los europeos prehistóricos trazaban mapas esquemáticos en las paredes de las cuevas, y los incas hacían mapas en relieve de piedra y arcilla.

Determinar la longitud de la circunferencia de la Tierra constituyó el primer hito importante de la cartografía científica. Fue obra de un sabio, crítico teatral y bibliotecario griego llamado Eratóstenes, que vivió en el Siglo III a C. y fue una de las lumbreras de la famosa Biblioteca de Alejandría. Eratóstenes conocía la existencia de un pozo Nilo arriba, en Siena, donde a mediodía del solsticio de verano, el veintiuno de Junio, los rayos del Sol descendían en vertical hasta el fondo. Si el mundo es una esfera (razonó), entonces el Sol debería iluminar en el mismo momento diferentes partes de la Tierra según ángulos distintos y proyectar unas sombras mensurables. Dado que supuestamente Alejandría estaba al norte mismo de Siena, disponía de dos lugares, separados por una distancia conocida (precisada por las caravanas de camellos), que se hallaban en el mismo meridiano.

Sin salir del recinto de la biblioteca, Eratóstenes examinó la sombra proyectada por una columna a mediodía del solsticio. Su ángulo medía un cincuentavo de círculo. Si se multiplica por cincuenta la distancia entre Alejandría y Siena, se obtendrá la circunferencia de la Tierra, que él cifró en 40.555 kilómetros. Pese a que Alejandría y Siena no están exactamente en el mismo meridiano, y a que las mediciones de las caravanas no podían ser muy precisas, el cálculo del bibliotecario fue de una fidelidad extraordinaria: hoy sabemos que la circunferencia longitudinal del planeta es de 39.720 kilómetros.

Apoyándose a menudo en las ideas de sus predecesores, en el Siglo II d.C. el astrónomo Tolomeo ideó un sistema para organizar los mapas según unas cuadrículas de latitud y longitud, y dejó otro legado importante, que fue su advertencia a los cartógrafos de aquilatar el conjunto en sus proporciones justas, es decir, trabajar a escala.

Todos los caminos llevan a Roma, y los romanos naturalmente fueron los primeros en levantar mapas de carreteras rigurosos. Sus copias en pergamino, modificadas y ampliadas en el curso de los años, formaban parte de la impedimenta de los generales y del equipaje de los viajeros.

Los manuales de navegación llamados portulanos supusieron tanto un cambio radical en la cartografía occidental como la innovación más fructífera de la Edad Media, en fecha tan temprana como el Siglo XIII.

El origen de esta cartografía no está clarificado, según Luisa Martín Meras:

"es incierto aunque se sitúa en algún momento del Siglo XII y está ligado a la generalización de la brújula. Raimon Llull en el libro Fénix de las maravillas del Orbe de 1286 dice que los navegantes de su tiempo se servían de instrumentos de medida, de cartas marinas y de la aguja imantada". **(1)**

La manera en que se elaboraba la cartografía de ésos años la deja patente John Noble Wilford:

"en la Biblioteca del Congreso de Washington examino una carta portulana anónima catalana del Mediterráneo, fechable alrededor de 1350. Esta carta evoca una imagen del arte de la cartografía tal como se ejercía entonces. Un escribiente solitario, inclinado sobre una mesa en algún taller marítimo, tal vez de Barcelona o de Mallorca, traza con pulso firme una línea costera. Dibuja redes de líneas rectas por las que los marinos podían encontrar el rumbo a lo largo de la costa usando la recién introducida aguja magnética". **(2)**

Si la brújula mejoró la navegación y alentó la demanda de cartas útiles, la prensa de imprimir permitió que los mapas llegasen a manos de un mayor número de personas y empezó a arrebatar su elaboración a los monjes. Las naves transoceánicas promovieron una era de hegemonía y descubrimientos y un naciente espíritu intelectual, motor del Renacimiento, despertó el afán de conocer el mundo.

Los cartógrafos del Siglo XV, inspirándose en Tolomeo, sustituyeron la teología por el conocimiento de lugares remotos de acuerdo con las crónicas de los capitanes de Enrique el navegante, y de mercaderes nómadas venecianos como Marco Polo.

Al estudiar aquellos mapas, los eruditos de Florencia reconocieron el océano ya no como una barrera, sino como una vía navegable que comunicaba todos los confines del orbe. Según algunos relatos, su concepto liberador animó a Colón, quien probablemente se sirvió de una única carta y del consejo de un cosmógrafo para trazar su ruta, a acometer su empresa de las Indias.

Al final, sin embargo, Colón sería traicionado por los cartógrafos. En un mapa de 1507, Martín Waldseemuller escribió en el continente meridional del Nuevo Mundo, en la región de Brasil, la palabra "América" en homenaje a otro navegante, Américo Vespucio. El nombre se consolidó.

Gerardus Mercator, el cartógrafo más eminente del Siglo XVI, desarrolló una técnica para distribuir los meridianos y los paralelos de tal manera que los navegantes pudieran trazar líneas rectas entre dos puntos y marcar un rumbo de brújula constante.

La cartografía científica terrestre adquirió gran auge con los logros de la familia Cassini (padre, hijo, nieto y bisnieto), quienes inventaron un complejo método para determinar la longitud basándose en observaciones astronómicas.

El hombre al que habitualmente asociamos con los cometas también se ganó un puesto en la historia cartográfica por trazar los primeros mapas que ilustraban el curso de los vientos y el magnetismo. En 1686, Edmond Halley levantó lo que se considera el primer mapa meteorológico.

La combinación de la fotografía y la aviación, iniciada durante la primera guerra mundial, agilizó la cartografía e hizo posible que sus especialistas accedieran a un terreno donde habían fracasado los topógrafos más intrépidos. En la actualidad, variantes de los satélites espaciales diseñados para el reconocimiento militar permiten a los cartógrafos medir y plasmar más cosas en unas horas, de lo que antes hacían en semanas, en años o quizá nunca.

Los cartógrafos actuales emprenden sus trabajos provistos de unos instrumentos electrónicos con los que pueden comunicar en cualquier momento con cinco o seis satélites orbitales del GPS (Global Position System, Sistema de Posicionamiento Mundial). Sus receptores portátiles GPS son la más socorrida de las nuevas tecnologías cartográficas. Desarrollado por el Departamento de Defensa de

Estados Unidos, el sistema de satélites que fija objetivos de misiles y detecta rastros de buques y tropas de hasta unos pocos metros, es utilizado cada vez más por los cartógrafos.

1.2.- EL GEOIDE Y EL DATUM

Debido a la imposibilidad de materializar mediante una expresión matemática la superficie real de la Tierra, hay que adoptar distintas superficies de aproximación. La primera aproximación, es considerar que en la Tierra no existen continentes y prescindir de todas aquellas causas que como las mareas, vientos, corrientes, presión barométrica, etc., puedan alterar la figura formada por el mar en equilibrio extendido sobre la superficie terrestre. A esta superficie se le denomina Geoide.

El *Geoide* es pues, una superficie de nivel, normal en todos sus puntos a la dirección de la gravedad y que goza de la siguiente propiedad importante: el plano tangente a cualquiera de sus puntos es normal a la dirección de la gravedad.

Esta superficie sería pues la ideal si pudiese expresarse en forma matemática, pero medidas de alta geodesia han demostrado, que el Geoide no es una superficie regular, ni tan siquiera simétrica, por lo que no puede expresarse mediante una fórmula matemática. Para resolver este problema hay que elegir una superficie hipotética que se aproxime lo más posible al Geoide, suponerla tangente en un punto fundamental astronómico de la zona que se vaya a levantar, y determinar la desviación de esta superficie con respecto al Geoide, a medida que nos alejamos del punto fundamental. A partir de las medidas efectuadas por Bessel (1841), Clarke (1880), Helmert (1907), y Hayford (1909) se dedujo, que la superficie matemática que más se aproxima al Geoide, es la de un elipsoide de revolución.

A lo largo de los años este elipsoide ha ido sufriendo modificaciones en los parámetros que lo definen, buscando aquel que más se aproximara al Geoide. En particular los dos últimos utilizados en la Cartografía española son el de Struve, con origen en Madrid y el de Hayford, con origen en Postdam, este último adoptado internacionalmente en 1924 como Elipsoide Internacional de Referencia.

En ocasiones, para simplificar los cálculos sobre el elipsoide, se utiliza la esfera como segunda superficie de aproximación.

Hay que procurar que las figuras proyectadas sobre el elipsoide de referencia discrepen lo menos posible de sus proyecciones sobre el geoide, tanto en su forma y magnitud como en su orientación, lo que se logrará cuando el elipsoide se adapte lo mejor posible en forma, dimensiones y orientación al geoide. Es por ello, por lo que la definición y orientación del elipsoide de referencia más adecuado comprende la elección de siete parámetros:

- Dos constantes (semiejes a y b) para definir la forma y dimensiones del elipsoide de referencia.
- Dos parámetros angulares para definir el paralelismo entre el eje de simetría del elipsoide y el de rotación terrestre.

- Tres parámetros lineales para definir la posición del centro del elipsoide con relación al baricentro de la Tierra.

Al conjunto de los siete parámetros anteriores se le denomina el "datum" de la red.

El datum geodésico no es otra cosa que un sistema de referencia de coordenadas geodésicas (latitud, longitud y altitud).

En la figura, de forma esquemática y exagerada, puede verse: el geoide; el elipsoide, que se adapta a aquel en Europa, centrado en O'; y el que se adapta a Norteamérica, centrado en O''. Si se extrapolan los dos elipsoides, respectivamente, se puede ver, repito de forma exagerada, el desajuste entre el geoide y el elipsoide en los citados continentes. Los dos elipsoides son distintos de forma y tamaño.

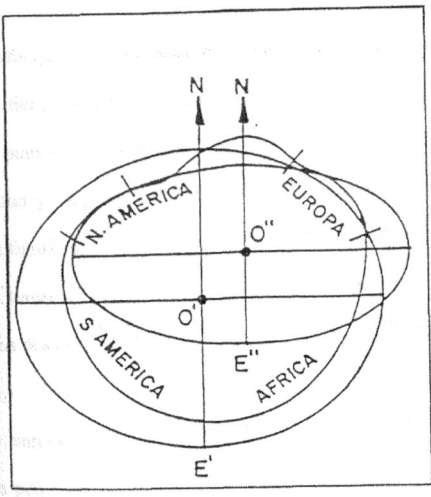

Al escoger un punto fundamental para efectuar nuestra observación astronómica y al elegir un elipsoide de referencia para efectuar sobre él nuestros cálculos, estamos estableciendo un datum geodésico. Todos los puntos enlazados, normalmente mediante triángulo, constituye una red geodésica, cuyas coordenadas están todas ellas referidas a un mismo datum. Dicho de otra manera, al lado de cualquier latitud y longitud tiene que figurar el datum al que están referidas, ya que las coordenadas son datos relativos.

A lo largo y a lo ancho de la superficie terrestre se fueron estableciendo datums, definidos como hemos dicho por el punto fundamental y el elipsoide a los que se les denomina datums locales, en oposición a los que posteriormente se crearon con carácter continental o mundial. Muchos de estos datums locales sirven todavía de referencia a las coordenadas de muchas de nuestras cartas. (3)

La cartografía que no está basada en un datum único no es homogénea, pues un mismo vértice tiene coordenadas distintas, dependiendo del datum al que están referidas. Los puntos comunes, en dos cartas con distinto datum, tendrán coordenadas (latitud y longitud) distintas. Es fácil de comprender, con la simple observación de la figura, que un mismo punto del geoide proyectado sobre cada uno de los elipsoides tienen en éstos distintas coordenadas. Basta ver las separaciones existentes entre los dos orígenes de coordenadas O´ y O´´ .

Dicho lo anterior, conviene precisar lo que sigue: las diferencias en las coordenadas son pequeñas cuando se trata de un vértice que está referido a dos datums locales cuyos puntos fundamentales están relativamente próximos. En estos casos suele ser tan pequeña la diferencia, que no es representativa en la carta. Las diferencias son todavía menores cuando además de estar los puntos fundamentales próximos, los dos datums tienen el mismo elipsoide.

Existen otros campos y actividades, como puede ser el militar, en el que la homogeneidad de todas las coordenadas sí que tienen importancia.

Por este motivo, a nivel nacional, se intentó efectuar un enlace geodésico de todos los vértices de la Península y Baleares, tratando de referirlos a un único datum. De resultas de ello surgió el sistema de referencia español, denominado Datum Madrid y basado en los siguientes datos:

- Punto fundamental........................... Observatorio de Madrid
- Elipsoide de referencia................... Struve
- Origen de latitudes........................... Ecuador
- Origen de longitudes......................... Meridiano Observatorio de Madrid.

En el año 1852 se nombró la "Comisión del Mapa de España", que estableció las reglas con que habría que medirse la red geodésica, encargándose el Ministerio de la Guerra de la ejecución de dicho mapa. Este mapa comprendía la Península y Baleares y sus coordenadas referidas al Datum Madrid. Por esto se las llama españolas o antiguas y con ellas se reconstruyeron las cartas del norte de la Península, sin más corrección que la llevada a cabo para referir el origen de las longitudes al meridiano de Greenwich. En las cartas que utilizan este sistema de referencias de coordenadas figura una leyenda que dice Datum Madrid.

Finalizada la segunda guerra mundial, y por razones estrictamentes militares, el "Army Map Service" de Estados Unidos unificó todas las redes geodésicas europeas, obteniendo una red para todo el continente. Esta red se basa en los siguientes datos:

- Punto fundamental....................... Torre de Helmert (Potsdam)
- Elipsoide de referencia................. Internacional o de Hayford
- Origen de latitudes........................ Ecuador
- Origen de longitudes.....................Meridiano de Greenwich

A este sistema se le llamó en un principio Datum Potsdam, confundiendo el punto fundamental o punto de origen con el datum, y, posteriormente, y con más propiedad, Datum Europeo 50 (E.D.50). A él se encuentran referidas las coordenadas de todos los vértices de la red geodésica española y de muchas de nuestras cartas. Estas cartas llevan una leyenda que dice Datum Potsdam, aunque debería decir con más propiedad Datum Europeo.

Conviene en este momento y antes de hablar del datum mundial, hacer un pequeño resumen de los datums en que está apoyada nuestra cartografía náutica.

- En datums locales están:

Las cartas de Canarias, en Datum Pico de las Nieves.

Las cartas de África occidental en Datum Sidi Ifni.

Las de Gerona en datum Rosas.

- En Datum Madrid está casi toda la cartografía del norte de la Península.

- En Datum Potsdam o Europeo, el resto de la cartografía de la Península y Baleares.

En todas las cartas debe figurar una leyenda en la que se indique el datum en que están basadas sus coordenadas y otra en la que se diga la corrección que hay que aplicar a aquellas para pasarlas a Datum Potsdam. Esta última leyenda no figura en las cartas de Canarias por no existir enlace geodésico clásico entre estos territorios y Europa. La corrección, que es variable, puede llegar a valer en algunos casos hasta 17'' en latitud. Esta cantidad sí que es representativa en una carta de navegación costera y la no aplicación de la corrección puede dar lugar a errores de bulto.

Con la llegada de los satélites, los geodestas alcanzaron dos de las aspiraciones más ampliamente sentidas y que tienen gran importancia con respecto al sistema de referencia de coordenadas geográficas. Se pudo obtener un sistema geodésico mundial referido al centro de la Tierra.

El conocer dónde se encuentra el centro es muy importante, pues podemos referir nuestro elipsoide a dicho centro, con lo que el trasvase de coordenadas es más sencillo. Los movimientos de un satélite artificial que recorre una órbita a baja altura dependen casi exclusivamente de la fuerza de la gravedad terrestre. Siguiendo su trayectoria desde distintos observatorios terrestres, se calcula su órbita y, por tanto, el centro de masas de la Tierra.

Por otro lado, el satélite sirve de conexión a puntos de la Tierra situados en continentes distintos, con lo que podemos obtener una red geodésica mundial, y por consiguiente, un sistema de coordenadas de cobertura mundial. La particularidad de este sistema de referencia de coordenadas o datum mundial está en que el elipsoide lo situamos en el centro de la Tierra y que la forma y tamaño del mismo se intenta adaptar a la totalidad del geoide y no a una parte de su superficie, como en los datums locales. Desaparece, por tanto, el concepto de punto fundamental o punto de tangencia entre el elipsoide y el geoide.

El primer sistema mundial fue el "Datum World Geodetic System (WGS 72)". A este datum estaban referidas las coordenadas de los primeros satélites y en general los sistemas de radionavegación (como el Omega). Las correcciones obtenidas con estos sistemas debían ser corregidas, aplicándolas un incremento en latitud y longitud que figuraba en las cartas náuticas.

Finalmente la "Defense Mapping Agency" desarrolló un nuevo datum, el WGS 84, que reemplazó al anterior. Este cambio tuvo poco efecto en la cartografía náutica, pues las diferencias en las coordenadas en ningún caso superaban las tres décimas de segundo. Existen fórmulas para pasar del nuevo datum a los principales datums continentales.

1.3.- DIFERENTES CLASES DE MAPAS Y CARTAS

No existe una diferencia rígida entre los conceptos de mapas y cartas. La palabra mapa data de la Edad Media y se empleaba exclusivamente para designar representaciones terrestres. Desde el Siglo XIV, los mapas marítimos pasaron a denominarse cartas, como por ejemplo, las cartas de mareas portuguesas. Posteriormente, se generalizó la palabra carta, que sirvió para designar, además de las cartas marítimas, una serie de otras modalidades de representación en la superficie de la Tierra, ocasionando cierta confusión en la terminología.

En España, suele utilizarse la palabra mapa para designar representaciones de la parte terrestre, y carta para representaciones marinas. El término Cartografía se aplica tanto a la construcción de mapas como de cartas.

Existen diferentes clases de mapas y cartas:

- Mapas topográficos, que incluyen los accidentes naturales y artificiales, y son utilizados para mediciones de altitudes y distancias.
- Mapas aeronáuticos, diseñados especialmente para la navegación aérea.
- Mapas temáticos, que destacan aspectos particulares, tales como minería.
- Mapas meteorológicos.
- Cartas náuticas, para la navegación marítima.
- Globos, que representan toda la superficie de la Tierra.

La carta náutica es la representación gráfica sobre un plano de un trozo de costa y la parte de mar comprendida entre ella y los marcos de la misma. Se pueden agrupar según la extensión de la zona representada en los siguientes grupos:

Cartas generales, por abarcar gran extensión, son las apropiadas para la navegación oceánica. Su escala oscila entre 1/40.000.000 y 1/3.500.000.

- Cartas de *arrumbamiento*, para navegar distancias medias a rumbo directo. Su escala oscila entre 1/3.000.000 y 1/200.000.

- Cartas de *navegación costera*, que permiten navegar reconociendo la costa. Su escala oscila entre 1/200.000 y 1/50.000. Dentro de este grupo, deben incluirse las llamadas "Cartas base", que constituyen el documento básico de nuestra cartografía, puesto que al ser las de mayor escala (aproximadamente 1/50.000) que cubren todas nuestras costas, contienen la representación más detallada del litoral español.

- *Aproches*, que al representar con más detalle las proximidades de los puertos y las zonas de más importancia o peligro, son los idóneos para realizar la aproximación a estos. Su escala está entorno a 1/25.000.

- *Portulanos*, que representan detalles completos de pequeña extensión, como puertos, radas ,ensenadas ,fondeaderos ,etc. Su escala es en general superior a 1/15.000.

Algunas cartas pueden llevar insertas, a mayor escala, representaciones de determinados accidentes geográficos, contenidos en ellas, como pasos dificultosos, fondeaderos, o incluso algún puerto del que no exista portulano, a los cuales llamamos planos de detalle.

Según la razón de su publicación podemos encontrar tres denominaciones de cartas:

- *Nueva carta*, es aquella que se publica por primera vez y cuyos límites geográficos, formato o escala son nuevos. Se le asigna un número, inédito la mayoría de las veces, y su entrada en vigor implica la correspondiente corrección del Catálogo de Cartas.

- *Edición*, es la nueva publicación de una carta en vigor en la que se han introducido grandes modificaciones, esenciales para la navegación. Conserva el número, límites geográficos, formato y escala de la anterior edición, aunque caduque a ésta. También se efectúa una nueva edición de una carta cuando, generalmente el número de correcciones incluidas por Avisos a los Navegantes supere los sesenta avisos literales o tres avisos gráficos.

- *Impresión*, es una nueva publicación de la Edición en vigor de una carta, que no caduca a las anteriores, y en la que se han incluido las correcciones difundidas, por Avisos a los Navegantes, desde la última estampación.

1.4.- LAS ALTURAS Y EL GEOIDE

Las alturas y las diferencias de alturas pueden ser determinadas usando el GPS, pero con menores exactitudes y mayores complejidades que las correspondientes componentes horizontales. La principal dificultad para la determinación de las alturas reside en la dependencia de los satélites GPS de las alturas elipsoidales, mientras que la mayoría de los usuarios busca alturas ortométricas. Por ello es muy importante que aquellos interesados en la aplicación del GPS para la medición de altitudes comprendan las diferencias entre estos sistemas de alturas y como aclararse con ellos. Este punto dará la información preliminar pertinente a este fin. (4)

Las alturas se miden, tradicionalmente, usando técnicas de nivelación, que se basan en el campo gravitatorio terrestre y están referidas al nivel medio del mar. En cada punto de la Tierra la gravedad tiene una cierta magnitud y dirección, lo que puede ser descrito por un vector. Cada vez que se nivela un instrumento, la línea de mira se pone perpendicular al vector gravedad en ese punto y cada vez que se levanta una regla de nivelación, esta se coloca alineada con el vector de gravedad. A las alturas obtenidas por técnicas de nivelación se las conoce habitualmente como cotas sobre el nivel medio del mar. Estas alturas son denominadas *cotas ortométricas* y en realidad están referidas al geoide. Las alturas ortométricas son las que se utilizan en la vida diaria y las que están representadas en los mapas topográficos.

El geoide es la superficie equipotencial que mejor se aproxima al nivel medio del mar. Forma una superficie irregular, pero de variación muy suave, alrededor de la Tierra. Es una superficie extremadamente compleja de representar matemáticamente. Por otra parte, el elipsoide, que es en esencia una esfera achatada, tiene una representación matemática simple y su manipulación es sencilla. Por ésta razón se usa un elipsoide como forma de describir aproximadamente el geoide; por ello también se suelen determinar las *alturas elipsoidales* (referidas al elipsoide), de preferencia a las alturas geoidales (basadas en el geoide). Las elevaciones obtenidas usando los satélites GPS se basan en la superficie elipsoidal. La relación entre elipsoide y geoide se muestra en la figura 1.

FIGURA N° 1

GEOIDE Y ELIPSOIDE

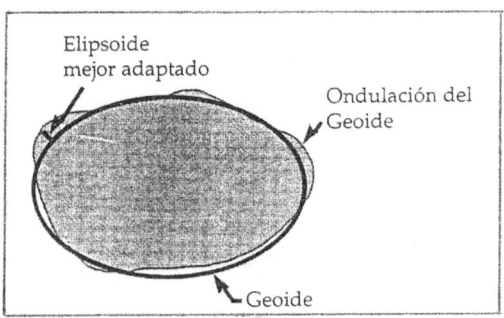

La distancia que separa el geoide del elipsoide es la ondulación del geoide (también llamada altura del geoide). Esta puede ser positiva o negativa dependiendo de si el geoide está por encima o por debajo del elipsoide en un punto dado. Si la ondulación del geoide, N, y la altura elipsoidal, h, son conocidas, se puede obtener la altura ortométrica usando la relación mostrada en la figura 2.

FIGURA N°2 : RELACIÓN ENTRE ALTURAS

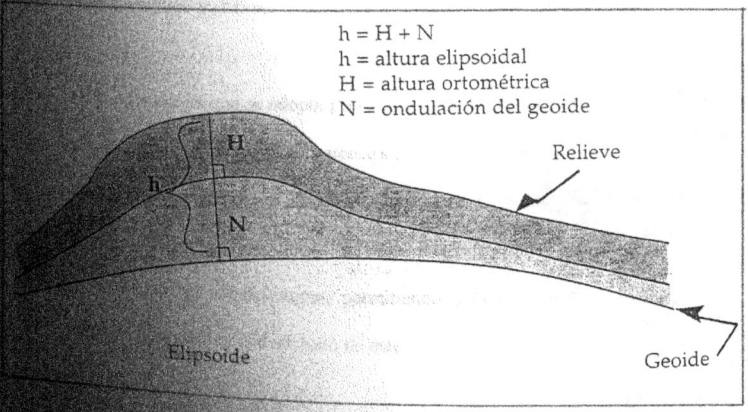

Como se puede observar en la figura anterior, la altura ortométrica es igual a la altura elipsoidal menos la ondulación del geoide.

Es evidente que se deben conocer las ondulaciones del geoide para calcular las alturas ortométricas cuando se usa el GPS. (5)

1.5.- PARCELARIO

Recibe el nombre de *parcelario* cada una de las hojas en que se representan a escala los resultados de un levantamiento hidrográfico. La escala de los parcelarios determina la mínima precisión de las medidas y los detalles que deben ser incluidos. La escala es por necesidad un compromiso entre el tiempo disponible, el esfuerzo dedicado, el propósito del levantamiento y la complejidad topográfica del fondo y de la linea de costa adyacente, así como de la importancia de la zona desde el punto de vista del tráfico marítimo.

La escala que se adopta para un parcelario nunca deberá ser menor que la de la carta que se va a trazar. El parcelario, que recoge de forma gráfica el resultado de las mediciones efectuadas tanto en tierra como en la mar, se va construyendo al mismo tiempo que se llevan a cabo estos trabajos, con lo que se controla directamente el levantamiento, permitiendo subsanar cualquier anomalía que se pudiera presentar en el desarrollo de este.

Los parcelarios junto con otras informaciones son la base de las Cartas Náuticas, las cuales contendrán tanto mayor detalle cuanto más se aproximen a la escala del levantamiento original. Si embargo, siempre figurarán en los parcelarios más detalles que en las cartas, como son: regladas y destacados de taquimetrías, numeración y líneas de sondas, vértices de la R.C.H. y puntos de apoyo fotogramétricos que no constituyan marcas permanentes, etc., es decir, la estructura sobre la que se construyó el parcelario y sobre la cual se lleva a cabo el control de calidad del levantamiento. El parcelario contendrá únicamente aquellos datos que hayan sido obtenidos por medición directa sobre el terreno, o por comprobación en los casos en que solo ésta sea requerida.

Aunque las actividades completas de una Comisión Hidrográfica se recopilan en una memoria y la información batimétrica puede ir en un soporte magnético, el levantamiento queda materializado en el parcelario.

El parcelario es el documento permanente del levantamiento, fuente de cuantas publicaciones se editen de la zona correspondiente y base de los levantamientos posteriores; como tal documento estará legalizado con la firma del Jefe de la Comisión Hidrográfica, el cual se responsabiliza de la autenticidad de los datos reflejados en él.

1.6.- PROYECCIONES

La Hidrografía emplea con carácter de casi exclusividad la proyección Mercator, en la cual la loxodrómica o línea que forma ángulos iguales con los meridianos viene representada por una recta. Generalmente suele decirse que es una proyección sobre un cilindro tangente al Ecuador.

Los elementos de proyección se encuentran tabulados en la Publicación núm. 21 de la Oficina Hidrográfica Internacional para el elipsoide internacional adoptado como tal en el Congreso de la Unión Internacional de Geodesia y Geofísica, celebrado en Madrid en el año 1924. A partir de entonces todas nuestras Cartas Náuticas se proyectan sobre dicho elipsoide.

Dado que existen diversos sistemas de adquisición de datos que trabajan en proyección U.T.M. ("Universal Transverse Mercator", proyección sobre un cilindro tangente al elipsoide a lo largo de un meridiano) y que las restituciones fotogramétricas se efectúan en esta proyección, las Comisiones Hidrográficas pueden emplear ambos tipos de proyecciones indistintamente.

1.7.- ESCALAS DE LOS LEVANTAMIENTOS

Las escalas de los distintos levantamientos hidrográficos dependen de varios factores, pudiéndose en general dividir según los siguientes conceptos:

- Puertos, canales, abrigos y aguas en cuya navegación sea necesaria la utilización de prácticos: Tendrán una escala mínima de levantamiento de 1:10.000.

- Acceso a puertos y aguas de intenso tráfico marítimo: Tendrán una escala mínima de levantamiento de 1:20.000. En todo caso, nunca menor de 1:25.000.

- Aguas costeras hasta el veril de 30 m. , o 40 m. donde naveguen buques de gran calado, o se sospeche la existencia de naufragios u otros peligros: Tendrán una escala mínima de levantamiento de 1.50.000.

- Aguas comprendidas entre los 30 m. y 200m. : Podrán ser hidrografiadas a escalas menores de 1:50.000, sin rebasar el 1:100.000.

En función de estos conceptos, el Instituto Hidrográfico de la Marina define la escala del levantamiento de cada *parcelario*, la cual queda especificada en la Instrucción Normativa de Hidrografía que es remitida a la Comisión Hidrográfica. No obstante el Jefe de la Comisión, a la vista del levantamiento, puede proponer un cambio de escala. Asimismo, cuando en la zona a levantar aparezcan bajos y peligros submarinos la escala deberá aumentarse, concentrándose todos los esfuerzos en la más perfecta determinación de la forma y sonda mínima de esos peligros, teniendo siempre en cuenta que esta es la principal misión del Hidrógrafo.

REFERENCIAS CAPÍTULO I

(1) MARTIN-MERAS, L., *La imagen del mundo, 500 años de cartografia*, Institu.Geog.Nac., Vol. De los portulanos al padrón de las indias, 1992, pp.13-54, p.15.

(2) NOBLE J., *Revoluciones en cartografia*, Nat. Geogr., Vol.II-N°II, 1998, pp.6-39,p.17.

(3) BONFORD S., *Geodesy*, Claredon Press, Oxford, 1983, p.102.

(4) PARDO M., *Guia del Posicionamiento GPS*, Instituto Hidrográfico de la Marina, Cádiz, 1996.

(5) ERIKSON C., *GPS Positioning*, Geodetic Survey Division, Canada,1993.

CAPÍTULO II

APOYO TERRESTRE

2.1.- DEFINICIÓN

Llamamos Apoyo Terrestre a los trabajos encaminados a la obtención de las posiciones geográficas de una serie de puntos en la faja costera, que permitan el control de los elementos constituyentes de un parcelario: sondas, restituciones fotogramétricas (técnicas para definir con precisión la forma y dimensiones de un punto, basándose en medidas de una o varias fotografías aéreas, realizadas sobre dicho punto), delimitación de la línea de costa, balizamientos, puntos conspicuos, etc.

Estos puntos se clasifican en tres categorías:

- Vértices de la Red de Control Hidrográfico. (2.2)

- Puntos de apoyo. (2.3)

- Puntos de Restitución. (2.4)

2.1.1.- INSTRUMENTOS UTILIZADOS EN LA MEDICIÓN DE ÁNGULOS

Los aparatos destinados a medir en el terreno los ángulos necesarios para efectuar un levantamiento topográfico reciben el nombre de goniómetros.

Un goniómetro es un dispositivo compuesto por un limbo graduado horizontal y una alidada concéntrica con él, provista de un índice, que servirá para medir ángulos horizontales, llamados azimutales. Otro limbo vertical, con su correspondiente alidada y su índice, servirá al instrumento para medir ángulos verticales.

Cuando un goniómetro permite efectuar conjuntamente la medida de los ángulos horizontales y verticales, se dice que es un goniómetro completo, y en ellos la alidada común es para ambos limbos.

Un *teodolito* es un goniómetro completo en el que la medida de los ángulos se puede efectuar con gran precisión mediante una alidada de anteojo provista de una cruz filiar. Si el anteojo es estadimétrico, es decir, si tiene retículo con varios hilos que permite la lectura sobre miras graduadas y por consiguiente la medición indirecta de distancias, se llama *taquímetro o distanciómetro.* (1)

Un aparato se llama repetidor si posee movimiento general lento, que se consigue por medio de un tornillo de coincidencia al enfilar un punto cualquiera. De esta forma el aparato es apto para efectuar medidas angulares por el método de repetición. Cuando el aparato no posee este tornillo de aproximación se llama reiterador.

Un teodolito se llama de tránsito si permite la vuelta de campana o de capivolteo.

2.2.- RED DE CONTROL HIDROGRÁFICO (R.C.H.)

Para el control horizontal del posicionamiento de un levantamiento hidrográfico, se calculan previamente las posiciones geográficas de los vértices necesarios en la costa, que constituyen la *Red De Control Hidrográfico (R.C.H.)*.

Esta red esta basada, si no se ordena lo contrario, en los vértices de la *Red Geodésica* establecida por el Instituto Geográfico Nacional (I.G.N.) o en vértices RCH de levantamientos anteriores. El uso de vértices geodésicos procedentes de otros organismos, así como de la RCH de levantamientos anteriores, debe ser autorizado por el Instituto Hidrográfico.

La obtención de las posiciones geográficas de los vértices RCH se puede efectuar por alguno de los siguientes métodos:

- Triangulación

- Poligonal

- Radiación

- Intersección

- Posicionamiento G.P.S. relativo

Como norma general en el establecimiento de la RCH, las observaciones deben hacerse siempre de manera que permitan un cálculo independiente, para su comprobación, de las coordenadas finales adoptadas para cada uno de los vértices que la constituyen.

2.2.1.- TRIANGULACIÓN

Consiste en la obtención de la posición geográfica de un vértice partiendo de otros dos, cuyas posiciones son conocidas mediante la medida de los tres ángulos del triángulo formado. (2)

En ocasiones puede ser necesario extender la RCH, formando una cadena de triángulos con vértices comunes dos a dos (un lado común). En este caso ha de procurarse que los vértices correspondan al mayor número de puntos conspicuos de la costa.

Los vértices de esta cadena de triángulos forman parte de la RCH, procurándose que la longitud de los lados sea la mayor posible, y nunca inferior a cinco kilómetros.

Asimismo ninguno de los ángulos de cada triángulo deberá ser inferior a treinta grados sexagesimales.

Una vez efectuada la medida de cada uno de los tres ángulos de cada triángulo se procede al "cierre" de éstos, teniendo en cuenta que el error de cierre de los triángulos integrados en la red, utilizados para sucesivos traslados de posiciones geográficas, debe ser menor de seis segundos sexagesimales. El error de cierre se define como:

$$e = \pi + \varepsilon - (A + B + C) \qquad (3)$$

siendo ε el exceso esférico

2.2.1.1.- <u>PROYECTO DE TRIANGULACIÓN</u>

Antes de comenzar el trabajo es necesario efectuar el *Proyecto de Triangulación*, para lo cual se reunirán todos los planos, mapas y cartas que existan de la zona a levantar. Sobre ellos se hará el proyecto o proyectos de triangulación más convenientes, y que más tarde se ratificarán con el reconocimiento del terreno, rectificándolos en caso necesario.

Al hacer el proyecto de triangulación se han de tener en cuenta las siguientes consideraciones:

- Deben escogerse para la triangulación todos los vértices del IGN hasta el 2º orden que figuren en los planos o mapas, siempre que convenga al plan general de nuestro levantamiento hidrográfico.

- La triangulación de la RCH debe proyectarse, siempre que sea posible, con vértices apoyados en la costa o lo más próximos que se pueda a ella.

- Debe procurarse que los accidentes notables de la costa tales como puntas, cabos, islotes cercanos, faros, etc., formen parte de la RCH, bien integrados en la misma red, o bien como vértices aislados.

- Debe procurarse que en la cercanía a la línea de costa existan vértices distanciados entre sí de 3 a 5 kms., con objeto de poder hacer con facilidad, y cierta garantía de exactitud, las taquimetrías.

2.2.1.2.- EXCÉNTRICAS

Cuando por razones de visibilidad u otra causa cualquiera, no se pueda estacionar sobre el vértice elegido, las medidas deben hacerse en un punto próximo al mismo, que se denomina *Estación Excéntrica*. **(4)**

En este caso las direcciones medidas vendrán afectadas por la distancia y dirección de la estación excéntrica al centro del vértice. La distancia de la estación excéntrica a su vértice correspondiente será la menor posible, y se medirá al centímetro con la mayor exactitud. El ángulo entre la estación excéntrica y su vértice se medirá en la primera y última vuelta de la serie, como si se tratase de un vértice más de la triangulación, aunque no entrará en el cálculo de la extracción de ángulos. El ángulo medido desde la estación excéntrica se calculará con el programa correspondiente de los señalados en el punto 2.11 .Posteriormente, con el programa de reducción, se obtendrá el ángulo medido desde el vértice.

En este caso hay que tener en cuenta lo siguiente:

-   La medida final del ángulo entre la estación excéntrica y el vértice debe ser la media aritmética entre las dos medidas efectuadas.

-   La distancia introducida a los vértices lejanos debe ser la distancia horizontal medida desde la estación excéntrica. Esta debe ser mayor de 1.500 metros. El programa antes mencionado reduce asimismo éstas distancias al vértice.

2.2.2.- POLIGONAL

Cuando se disponga de equipos de medida electrónicos y de vértices del IGN o de la RCH que permitan el cálculo de una poligonal, bien recalando en el vértice de partida o en otro vértice, este método puede ser utilizado para la determinación de la posición geográfica de nuevos vértices de la RCH.

Para llevar a cabo este método hay que disponer de un *distanciómetro* y de un *teodolito*.

El error admisible en recalada es de dos centésimas de segundo, tanto en longitud como en latitud. Este error debe ser repartido entre los vértices intermedios de la R.C.H. proporcionalmente a las distancias de cada salto.

Antes de comenzar las medidas de campo debe procederse a una comprobación en distancias cortas y largas de la calibración del distanciómetro. Las medidas de ángulos se efectuarán con un teodolito con precisión al segundo, efectuando cada medida con seis reiteraciones.

En el caso de una poligonal cerrada y, para evitar un error en orientación, se deben tomar iniciales a dos vértices desde el punto de partida, promediando los acimutes resultantes para el primer salto, siempre que la diferencia entre ellos conduzca a discrepancias inferiores a dos centésimas de segundo en las coordenadas horizontales del vértice mas alejado.

En ambos casos, abierta o cerrada, la tolerancia en altura debe ser de un metro.

2.2.3.- RADIACIÓN

Este método se utilizará únicamente para la obtención de posiciones geográficas de puntos aislados.

El punto obtenido por radiación, aunque puede considerarse como vértice de la RCH, no puede ser utilizado como partida para la obtención de sucesivos vértices RCH, ni como partida o recalada de poligonales.

La radiación se efectuará al menos desde dos vértices diferentes de la R.C.H., midiendo en cada uno ángulo y distancia. Estos dos vértices pueden servir, uno como inicial del otro, y viceversa. Estas iniciales se tomarán a vértices lo más alejados posible, efectuándose tres reiteraciones en cada medida angular y diez en la de distancias.

Las posiciones obtenidas no deben separarse más de dos centésimas de segundo en latitud y en longitud, adoptando como situación final la media aritmética.

2.2.4.- <u>INTERSECCIÓN</u>

La intersección es un método topográfico para la obtención de vértices aislados. Los vértices RCH determinados por éste método no pueden ser utilizados como partida para la obtención de sucesivos vértices.

Para determinar posiciones de vértices por intersección podrá utilizarse uno de los siguientes métodos: **(5)**

1) Intersección Directa: Estacionando al menos en tres vértices RCH, se toman marcaciones al punto a determinar.

2) Intersección Inversa: Cuando desde el punto elegido como vértice sean visibles cuatro o más vértices de la RCH, se podrá utilizar éste sistema para la determinación de su posición geográfica.

3) Interseccion Mixta: Es una combinación de los dos sistemas anteriores, de forma que se obtengan al menos dos situaciones independientes del vértice a situar.

4) Trilateración: Estacionando en al menos tres vértices R.C.H. se miden distancias al punto a determinar. Es importante reducir con exactitud la distancia medida a la horizontal, siendo ésta la utilizada para los cálculos.

Por cualquiera de los cuatro métodos se obtendrán como mínimo dos situaciones independientes del nuevo vértice, no pudiendo diferir este par de situaciones en más de dos centésimas de segundo en latitud y longitud, o más de 50 cms. en X e Y.

Los cálculos se efectuarán tanto en UTM como en geográficas, con el programa correspondiente de los reseñados en el punto 2.11 .

Se adoptará como situación final la media aritmética de las soluciones obtenidas.

2.2.5.- POSICIONAMIENTO GPS RELATIVO

En este caso se estaciona un receptor en un punto perfectamente determinado, y otro o más en los puntos que se quieran medir, observando los mismos satélites y por medio de diferentes sistemas de medición (Fase, dobles diferencias, etc.) , se obtienen los parámetros de la línea base entre ambas estaciones (Δx, Δy, Δz).

Posteriormente se ajusta la red, fijando la estación conocida. (6)

Aquí es necesario que los receptores sean Geodésicos (con capacidad de grabar los datos).

Las precisiones obtenidas son del orden de los 5 mm. más un milímetro por cada kilómetro de longitud de la línea base.

2.2.6.- RECONOCIMIENTO DEL TERRENO

Es la primera operación que ha de efectuarse para llevar a cabo el establecimiento de la RCH en la zona a levantar. Durante su desarrollo deben observarse los siguientes extremos:

- Asegurarse de la intervisibilidad mutua entre los distintos vértices del proyecto de triangulación. Un error en este sentido, que por otra parte sólo se revela al hacer las medidas, puede dar lugar a un retraso grande en la marcha general de los trabajos.

- Los vértices deben situarse en lugares que permitan su conservación a lo largo del tiempo.

- El reconocimiento del terreno no ha de limitarse solamente a la elección definitiva de vértices, sino que simultáneamente han de reunirse todas las informaciones que puedan ser de utilidad para el desarrollo general de los trabajos, tales como medios de acceso a cada vértice, condiciones climatológicas de la región, alojamientos posibles, lugares de desembarco, lugar más conveniente para la instalación de la regla de mareas o mareógrafo, etc.

- A cada vértice elegido se le da un nombre para identificarle, siendo muy conveniente tener en cuenta la denominación que al lugar en que se establece den los vecinos de la localidad y evitando el uso de nombres arbitrarios. Al escoger el nombre de un nuevo vértice nunca será coincidente con el de otro procedente del IGN o de un levantamiento anterior.

- Siempre que haya de reconocerse un vértice y colocar una señal en propiedades privadas, debe solicitarse y obtenerse autorización de los dueños de las mismas, informándoles, en términos generales, de los trabajos que se están llevando a cabo y de los que pudieran acometerse en un futuro.

2.2.7.- ABANDERAMIENTO Y SEÑALES GEODÉSICAS

A medida que se efectúe el reconocimiento de los vértices elegidos para la RCH, deben dejarse abanderados al objeto de poder comenzar las medidas en cualquier momento una vez que el resultado del reconocimiento haya sido satisfactorio.

Las señales geodésicas deben materializar una dirección horizontal y otra vertical; las empleadas por el Instituto Hidrográfico están constituidas por un asta de madera de cuatro metros de largo, rematada por tablillas de madera horizontales pintadas alternativamente de rojo y blanco. De esta forma el asta materializa la dirección horizontal y las tablillas la dirección vertical.

Estas señales deben colocarse sobre el vértice perfectamente verticales. La falta de verticalidad de las señales puede retrasar las medidas. Estas señales deben colocarse un tiempo apreciable, ya que al no colimar el centro del vértice, el triángulo correspondiente no cerrará normalmente dentro de los límites establecidos, siendo necesario repetir las medidas.

Los vértices elegidos deberán señalarse de manera permanente antes de hacer las medidas de ángulos. Dichas marcas consistirán en pilares de cemento de forma troncopiramidal que se encastrarán sólidamente en el suelo a la profundidad conveniente para asegurar su permanencia y con un orificio en su parte superior donde se podrá introducir la coz del asta de la bandera.

En aquellas zonas en que por las características del terreno o por ser edificaciones, no sea posible materializar el vértice por medio de un pilar de cemento, se sustituirá éste por un clavo, una marca hecha a cincel o el culote de un casquillo de 40 mm., de los utilizados para monumentar las estaciones de mareas, recogido con cemento, o simplemente con un círculo de pintura rodeando a un punto lo más pequeño posible.

Los vértices quedarán referidos a varias señales auxiliares próximas a ellos y fácilmente reconocibles, con objeto de poder reconstruir exactamente su situación. Siempre que sea posible se emplearán como señales auxiliares aquellos accidentes naturales o elementos de construcción que ofrezcan garantías de permanencia.

En cualquier caso siempre se confeccionará una reseña del vértice, de acuerdo con el punto siguiente.

2.2.8.- RESEÑA DE VERTICES

Cada uno de los vértices seleccionados como componentes de la RCH debe describirse con toda serie de detalles, al objeto de que pueda ser fácilmente utilizado por los observadores en futuros levantamientos. Se debe hacer un croquis de su posición sobre el terreno, indicándose en el mismo, con toda claridad, el mejor camino a seguir para alcanzarlo, tiempo aproximado que se tarda en llegar a él, las distancias en kilómetros y señal que lo materializa. Asimismo se debe añadir información del propietario del lugar donde la señal se ha instalado (privado, militar, comunidad..), lugar de localización de llaves de acceso (si es necesario) y facilidades que tiene de alojamiento, comida y bebida, corriente eléctrica, etc...

Al citado croquis le deben acompañar fotografías panorámicas y de detalle del vértice, procurándose que en la toma aparezcan puntos destacables de la zona.

La reseña del vértice se debe efectuar a la vez que se procede al abanderamiento, una vez finalizado el reconocimiento del terreno.

Existe un impreso que debe rellenarse en todos sus apartados, y adjuntarse a los cálculos del vértice una vez comprobados.

2.3.- PUNTOS DE APOYO

Para llevar a cabo la restitución fotogramétrica de un parcelario a base de pares estereoscópicos de diversas fotografías, es necesario seleccionar sobre ellas una serie de puntos de apoyo claramente identificables y medir sobre el terreno, por métodos topográficos, las coordenadas X, Y, Z de los respectivos homólogos. (7)

La distribución de los puntos de apoyo dentro de cada par, debe ser la de cuatro puntos cerca de las esquinas del par, alejados de los bordes del fotograma en más de 10 mm., y un quinto punto en el centro.

En caso de que un punto de apoyo se encuentre cerca de la mar (muelles, espigones, etc.), deberá medirse su altura con respecto al agua, para que con las horas de observación pueda reducirse su altura al Datum altimétrico. Esto permitirá el cálculo o comprobación de su coordenada Z.

Si por cualquier circunstancia no pudieran medirse todos los puntos de apoyo anteriormente señalados, como mínimo debe contarse con tres de ellos, distribuidos dos en la diagonal de la zona de recubrimiento estereoscópico, y el tercero formando aproximadamente un ángulo recto con ellos.

2.3.1.- MEDICIÓN DE LOS PUNTOS DE APOYO

Los Puntos de Apoyo se miden a partir de vértices de la RCH si está establecida, o bien a partir de vértices del IGN.

Se puede utilizar cualquier método topográfico en la obtención de las coordenadas del punto, con las salvedades siguientes:

- En la medida de ángulos acimutales se deben observar tres reiteraciones, como mínimo, con un teodolito de 2° orden.

- En la medida de ángulos cenitales se deben medir dos veces en cada círculo (Directo e Inverso) comprobando su cierre, pues la coordenada Z tiene el mismo peso que las horizontales X e Y.

- Si se utiliza el método de Radiación se debe tomar más de un vértice como inicial.

- En determinados casos especiales podrá obtenerse la posición por medio de poligonal o intersección con las mismas limitaciones, entonces, que para obtener puntos de la R.C.H.

También podrá utilizarse el sistema GPS en modo diferencial, que se describe a continuación:

Se estaciona un receptor en un punto de coordenadas conocidas (estación de referencia). Este equipo mide las diferencias entre las distancias medidas y las reales, de los satélites al receptor. Estas diferencias son transmitidas por radio (a través de modem), de manera que permiten reducir las distancias que un receptor remoto mide, por los efectos de errores en la posición y el reloj del satélite y por los de propagación de la señal a través de la atmósfera.

Las distancias así reducidas permiten al receptor remoto el cálculo de las tres coordenadas espaciales, en tiempo real, con una exactitud del orden de los 5 metros, para líneas base de hasta 100 Km.

Al producirse el cálculo de las coordenadas en tiempo real, este método puede emplearse con el receptor remoto en movimiento, con lo que puede restituirse la línea de costa, por ejemplo, de forma continua. En caso de que los requisitos de exactitud sean más estrictos, puede estacionarse en puntos discretos, prolongando la observación durante un par de minutos y promediando los resultados.

2.3.2.- ELECCIÓN DE LOS PUNTOS DE APOYO

Debe tenerse en cuenta que los Puntos de Apoyo señalados en los fotogramas representan un mínimo de puntos necesarios para la orientación de los sucesivos modelos estereoscópicos. Por ello y para una mayor garantía, además de estos Puntos de Apoyo deberán señalarse en los fotogramas siempre que sea posible, los vértices de la RCH.

En la determinación de los puntos de apoyo se seguirán las siguientes normas:

- El observador se trasladará a la zona del terreno representada en el fotograma.

- Se procederá al estudio del detalle del terreno en el que va a situarse el Punto de Apoyo, mediante el examen comparativo del terreno y de los fotogramas, auxiliados del estereóscopo, con el que se tiene una visión en relieve del terreno.

- Se localizará e identificará con seguridad ese punto en el fotograma.

- Se señalará mediante un círculo rojo la situación de la marca, este círculo tendrá aproximadamente 6mm. de radio.

- A la derecha del círculo se pondrá el número de identificación.

- Se efectuará una reseña con croquis del punto, indicando la referencia y las coordenadas X, Y y Z.

2.4.- PUNTOS DE RESTITUCIÓN

Son aquellos cuyas coordenadas se obtienen a partir del modelo estereoscópico en el restituidor fotogramétrico.

Estos puntos sólo pueden ser utilizados como vértices de partida para la obtención de nuevas coordenadas y como puntos de estacionamiento de sistemas radioeléctricos de posicionamiento con autorización del Instituto Hidrográfico.

La razón de esto es la suma de errores que pueden acumularse en las coordenadas del punto obtenidas en el restituidor, errores en los puntos de apoyo, aberraciones fotográficas, calibración del restituidor y errores propios del operador, añadido a la falta de comprobación de las propias coordenadas obtenidas.

En cualquier caso la autorización vendrá determinada por una comprobación de las coordenadas suministradas, así como por la escala de la restitución efectuada.

2.5.- MEDIDA DE ÁNGULOS HORIZONTALES

Una vez quitada la bandera del vértice en donde vaya a medirse, el observador situará el teodolito exactamente sobre la señal del terreno que marca su situación. A continuación se procede a la nivelación; esta operación debe hacerse con toda precisión, no iniciándose las medidas hasta tener la certeza de que el teodolito ha quedado exactamente nivelado en todas las direcciones.

La experiencia ha demostrado que antes de iniciar la nivelación es conveniente dar una serie de vueltas al teodolito; con ello se consigue que el eje vertical quede perfectamente encajado en la alidada.

Terminada la nivelación y a la vista del croquis de triangulación, se irán localizando cada uno de los vértices cuyas direcciones vayan a medirse desde el vértice en el que se está estacionado. En dicho croquis deben estar anotados los valores aproximados de los ángulos horizontales a medir.

Hay que señalar que todas estas operaciones así como las que se describen a continuación son de la mayor importancia, dependiendo de su correcta ejecución el que las medidas sean de garantía, lo que supondrá una mayor exactitud de los cálculos así como un mayor rendimiento del trabajo de campo.

Para poder cumplimentar éstas normas es de gran importancia el estado de mantenimiento de los teodolitos, debiéndose comprobar y rectificar sus niveles antes de iniciar una campaña.

El método a emplear para la medida de ángulos horizontales entre dos o más vértices es el de "vueltas de horizonte". Este método consiste básicamente en lo siguiente:

- De todos los vértices a visar se elige uno como inicial. Este debe ser el que más garantías de medida ofrezca. El más alejado, el que mejor se vea, el más destacado etc.

- Una vez apuntado a este vértice se ajusta la lectura del Teodolito próxima al $0°$, en Círculo Directo. (Por motivos de utilización del programa de extracción de ángulos es recomendable centrarlo alrededor de los $2'$).

- Desde éste vértice inicial y hacia la derecha, se van midiendo sucesivamente las direcciones a los restantes vértices, hasta cerrar la vuelta en el inicial.

Esta última lectura tendrá un error de cierre ε respecto a la primera. Este error no debe ser mayor de $6''$ o $10''$ en un T2, o de $4''$ u $8''$ en un T3, en cuyo caso habría que repetir la vuelta completa.

- Si no se está observando con un teodolito electrónico o con capacidad de obviar los errores del limbo, hay que capivoltear para, en Círculo Inverso y en sentido contrario, efectuar otra vuelta completa.

- Los errores admisibles son, entonces, los mismos anteriormente mencionados, repitiéndose la vuelta si fuera necesario.

- Supuesto dentro de los márgenes el error de cierre, la lectura en cada círculo del vértice inicial será la media aritmética de las dos lecturas efectuadas. Si se ha capivolteado, la lectura final de cada vértice, incluido el inicial, será la media de cada lectura en CD y CI.

- Si el error excede los márgenes, una vez repetida la vuelta, hay que achacarlo a otras causas (torsión del soporte) por lo que este error se repartirá entre las direcciones observadas, de tal manera que no varíe la lectura del inicial.

- Se comenzaría entonces con la siguiente reiteración. Si se trabaja con un teodolito electrónico no es necesario desplazar el ángulo inicial. Caso contrario se movería el limbo un ángulo r tal que:

$$r = \frac{180°+v}{n} \qquad (8)$$

en donde v es la extensión del Vernier y n el número de reiteraciones.

- Todo este proceso debe repetirse n veces.

- A continuación se obtienen los ángulos deducidos para cada serie por diferencias entre direcciones reducidas de la misma serie. Se efectúa la media aritmética de estos ángulos deducidos observándose la dispersión de cada uno con esta media. Si algún ángulo se separa más del error máximo admitido (1,75 x Ecm) se procederá a su anulación, obteniendo la nueva media de los n-1 ángulos restantes y efectuando nuevamente la comprobación.

- Al final esta media será el valor adoptado del ángulo.

Todas las extracciones, cálculos y comprobaciones anteriormente mencionadas se efectúan con el programa descrito en el punto 2.11.

2.6.- <u>CALCULO DE POSICIONES GEOGRÁFICAS</u>

La determinación de la posición geográfica de un vértice debe hacerse por medio de cualquiera de los métodos ya descritos para la obtención de la R.C.H., y con sus mismas limitaciones.

En cualquier caso el cálculo de las coordenadas de cualquier vértice por métodos directos (excepto poligonal) debe preceptivamente obtenerse por dos medios, independientes entre sí.

La posición geográfica adoptada para cada vértice debe ser el promedio de ambas, no pudiendo diferir entre sí en más de dos centésimas de segundo en latitud y longitud.

Los acimutes calculados no deben diferir en más de cuatro centésimas de segundo, siendo el obtenido, asimismo, el promedio de ambos.

Es muy importante recalcar en este punto la necesidad de conocer el sistema al que están referidas las coordenadas; con respecto a la altura se dan instrucciones en el punto 2.8 .

Las coordenadas horizontales (ya sea latitud y longitud o X e Y) han de estar referidas a un elipsoide concreto. Este se define por unos parámetros que dan idea de sus dimensiones. De la misma forma, este elipsoide debe referirse a algún punto de la superficie de la tierra o del Geoide (punto de coincidencia).

Aquí se definen los dos sistemas de referencia más usados actualmente en España:

ED 50. Datum Potsdam y elipsoide internacional.

*WGS 84.*Elipsoide propio y centrado en el centro de masas de la tierra.

Si se conocen las coordenadas de los vértices de partida en un mismo sistema, el traslado de posiciones utilizando su propio elipsoide, produce coordenadas del nuevo vértice en el mismo sistema de referencia, pudiéndose entonces obtener una red (R.C.H.) coherente.

El problema surge al disponer, para una misma zona de trabajos, de vértices en ambas referencias, pues la red del IGN está en ED 50 y el sistema de posicionamiento por satélite GPS utiliza el WGS 84.

Es por lo tanto, fundamental, el que junto a la posición geográfica de cualquier vértice se aluda al sistema de referencia al que está vinculado.

Teóricamente el problema de obtener unas posiciones geográficas partiendo de las otras es sencilla. Simplemente consiste en la transformación espacial entre dos elipsoides. Por medio de la fórmula abreviada de Baadekas-Molodensky y conociendo los 7 parámetros de la transformación:

- dx, dy, dz : Traslaciones del centro.

- Ex, Ey, Ez : Giros alrededor de los tres ejes.

- K   : Factor de escala por diferencia de tamaño

se pueden hacer transformaciones en ambos sentidos. **(9)**

Al estar el ED 50 referido al Geoide y al no conocerse exactamente la separación entre éste y el elipsoide, estos parámetros han de medirse en cada zona en concreto de la superficie terrestre.

Actualmente se conocen unos parámetros globales para la península Ibérica que aseguran un error máximo de ±5 metros en cada coordenada al hacer la transformación. Por otro lado, para zonas concretas de 50 Kilómetros de radio a lo largo de determinados puntos de la costa peninsular, se dispone de parámetros más exactos. (Error máximo de 50 centímetros en cada coordenada).

Por ello, antes de efectuar cualquier cálculo, se solicitarán de la Sección de Geodesia del Instituto Hidrográfico los parámetros de transformación más ajustados para esa determinada zona. En cualquier caso, sin la autorización expresa del Instituto Hidrográfico no se utilizarán para un parcelario coordenadas de partida en diferentes sistemas de referencia.

2.7.- <u>TOPOGRAFIA</u>

La línea de pleamar es la que define el contorno de la costa, siendo la que debe quedar mejor materializada en el parcelario.

Sobre ella hay que dar destacados en el caminamiento para su delimitación; en zonas de playa se materializa por el límite entre las zonas de arenas húmedas y secas.

En el caso de contorno de costa escarpado, éste materializa tanto la línea de pleamar como la de bajamar, salvo zonas que velen en bajamar, en cuyo caso se delimitarán sondándolas con marea alta y reduciendo por mareas; no será necesario definir entonces la línea de bajamar, sino el propio contorno de la zona que vela, representado con el adecuado signo convencional.

Si esta zona que vela es amplia o dificil de sondar debido al estado de la mar, su delimitación podrá hacerse por métodos topográficos, preferiblemente *intersección*.

En cualquier caso habría que evaluar en cada punto de la costa la distancia que separaría las líneas de pleamar y bajamar en su representación a escala, confundiéndose en una sola si ésta fuera inferior a 0,5 mm.

Para la delimitación de la línea de bajamar se seguirán los siguientes procedimientos:

- Se prolongarán las líneas de sondas del bote en dirección hacia tierra con sondas de relleno e incluso regladas a puntos en el agua en los que se medirá la profundidad con la propia regla, anotando la hora. Reducidas éstas profundidades por marea, el punto de bajamar será aquel a partir del cual resultan sondas negativas suponiéndose un gradiente constante entre cada dos puntos medidos.

- Haciendo esto en cada línea de sondas, podrá establecerse la línea de bajamar al unir todos ellos.

- Sí se trata de lugares de gran amplitud de mareas y de acusado gradiente de profundidad, bastará con las sondas de bote y las de relleno, medidas en pleamar, para definir la línea de bajamar como aquella en que empiezan las sondas negativas, una vez reducidas por marea.

Se dará también una reglada al punto de pleamar, además de todas las necesarias para establecer los perfiles de playa, caso de que ésta sea susceptible de poder ser utilizada para operaciones anfibias (ver apartado 3.3).

2.7.1.- TAQUIMETRIAS

Cuando no se cuente con restitución fotogramétrica, o ésta no coincida con la realidad, debe efectuarse un caminamiento taquimétrico que se ampliará a todas aquellas edificaciones, caminos, vías férreas, etc. que sea conveniente representar en el parcelario.

En los parcelarios a escalas 1/50.000 e inferiores, el contorno de la línea de costa y sus accidentes notables se obtienen a partir de la cartografía del IGN o del Servicio Geográfico del Ejército. En éstos casos debe recorrerse minuciosamente la línea de la costa, efectuándose los caminamientos taquimétricos u otras mediciones que procedan a fin de incluir en el parcelario cuanto discrepe con ésta cartografía.

También será necesario efectuar taquimetrías cuando se vayan a utilizar medios de posicionamiento visual durante el trabajo de sondas.

En cada estación de la taquimetría deben tomarse marcaciones a todos los puntos notables tales como islotes, piedras aisladas, boyas, balizas, puntas, antenas, molinos, depósitos elevados, chimeneas, etc.

Como auxiliar del dibujo topográfico deben tomarse marcaciones que tangenteen los accidentes notables de la costa, especialmente aquellos que resulten inaccesibles a un observador.

Desde a bordo debe efectuarse una exploración detallada de la costa, anotando todos aquellos accidentes orográficos y elementos conspicuos que se divisan desde la mar y que no hayan sido escogidos como vértices de la RCH, los cuales se situarán en el parcelario una vez determinada su posición por el método más idóneo.

De esto se deduce la importancia que tiene el que al medir la RCH el observador que se estaciona en cada vértice tome marcaciones a aquellos accidentes orográficos importantes y elementos conspicuos situados a distancia de la costa y visibles desde la mar, que deban figurar en las cartas.

Cuando estos puntos notables queden fuera de los límites del parcelario, debe hacerse una lista de ellos, con sus marcaciones correspondientes, a fin de poder situarlos en las cartas de menor escala.

Para situar un punto cualquiera por intersección directa en un parcelario, se precisa un mínimo de tres cortes, procurando que al menos dos de ellos se corten con un ángulo próximo a noventa grados.

Siempre que exista una zona amplia del terreno cuya naturaleza esté expresada por alguno de los signos convencionales establecidos, su representación en el parcelario se hará mediante dichos signos (salinas, marismas, terrenos pantanosos, bosques, cultivos, etc.).

2.7.1.1.- NORMAS EN LAS TAQUIMETRIAS

En los caminamientos taquimétricos se deben seguir las siguientes normas:
- Los caminamientos deben efectuarse siempre partiendo de un vértice de la R.C.H. , recalando en el mismo (cerrada) o en otro vértice de la R. C. H. (abierta) . El recorrido total de un caminamiento no debe ser mayor de 5.000 mts.
- Las estaciones se efectuarán como máximo de 300 a 400 m., por la simple razón que utilizando regla taquimétrica es preceptivo la lectura de los tres hilos, promediando la lectura superior con la inferior.

- Caso de utilizarse distanciómetros, esta distancia puede aumentarse hasta los 1.000 mts. En este caso es muy importante la medición de los ángulos cenitales y la posterior reducción de la distancia a la horizontal.

- Cuando existan puntos de apoyo pueden ser utilizados como vértices de la RCH a efectos de caminamientos taquimétricos.

- Toda taquimetría debe ser complementada con un croquis a mano alzada, que se irá levantando simultáneamente con el caminamiento. En él se plasmarán las dimensiones y orientaciones de los objetos a representar en el prcelario, determinadas sobre el terreno con cinta métrica.

- El trazado gráfico del caminamiento no debe ser realizado por el observador que lo efectuó en el terreno.

- El error máximo admitido en la recalada de una taquimetría será tal que la situación obtenida no se separe más de $10\sqrt{K}$ metros (K = distancia total del caminamiento en kilómetros) de la situación real. Si el error es mayor debe repetirse todo el caminamiento. Caso contrario el error se repartirá proporcionalmente a la distancia recorrida por todos los puntos intermedios de la taquimetría.

Cuando se cuente con restitución fotogramétrica, lo cual está previsto para parcelarios de escalas 1:25.000 y superiores, será imprescindible:

- Hacer una comparación sistemática y minuciosa de la línea de costa con la representada en la restitución. Todas las diferencias que se aprecien deben determinarse por métodos topográficos, de tal manera que al trazar el parcelario se reproducirá la restitución de la línea de costa de aquellas zonas que no han sufrido modificación, mientras que las zonas alteradas se trazarán de nuevo con sus taquimetrías completas.

Esto deberá hacerse extensible a todos aquellos elementos de la restitución que, estando situados tierra adentro, puedan ser de utilidad para el navegante, sea como ayudas a la navegación o como facilidades del puerto.

- Definir por métodos topográficos las líneas de bajamar y pleamar en aquellas zonas de playa o marisma que sean cubiertas por la marea. Debe tenerse en cuenta que la línea de bajamar representada en la restitución es la que corresponde a la situación de marea en el momento del vuelo, y casi nunca coincide con la bajamar escorada. Su inclusión en el parcelario se hará como se ha indicado en el párrafo anterior.

En el caso que la taquimetría incluya las alturas su error máximo admitido (tolerancia) en la recalada será $5\sqrt{K}$ (K en Kilómetros) y el resultado en metros. **(10)**

Para ello el observador deberá cumplimentar en todo caso el apartado cenitales altura instrumental (i) y de mira (m).

La taquimetría debe quedar materializada sobre el terreno, dado que las distintas estaciones y regladas pueden servir para el estacionamiento de cortadores y direccionistas en sistema clásico.

No se pueden estacionar en estos puntos intermedios de las taquimetrías códigos de posicionamiento radio-eléctrico, dados los grandes errores que pueden acumularse.

2.8.- ALTIMETRIA

Una vez que se han determinado las posiciones geográficas de los vértices de una triangulación, nos queda por determinar un tercer elemento que nos defina las posiciones de dichos vértices sobre la superficie física de la Tierra, es decir, las distancias a que se encuentran dichos vértices del nivel medio del mar.

La *altimetría* se ocupa de la determinación de estas distancias que reciben el nombre de *altitudes*.

La *altitud absoluta* de un vértice es la distancia en metros desde dicho vértice al nivel medio del mar, contada según la vertical de dicho vértice. La *altitud relativa* de un vértice con respecto a otro es la diferencia de sus altitudes absolutas, que nos permite conocer la de uno de ellos cuando conozcamos la del otro.

La operación por medio de la cual, determinamos la altitud relativa entre dos vértices recibe el nombre de *nivelación*, existiendo distintos tipos de la misma según la mayor o menor exactitud con que queramos determinarlas:

- Nivelación geodésica: Determina la altitud relativa de un vértice con respecto a otro mediante la medida del ángulo cenital que exista entre ellos y el conocimiento de la distancia que los separa.

- Nivelación geométrica: Consiste en dirigir visuales horizontales con un taquímetro o teodolito, a dos reglas graduadas colocadas verticalmente en los puntos cuya diferencia de nivel se desea conocer.

- Nivelación de precisión: No es más que una nivelación geométrica más exacta, por cuanto en ella se emplea un nivel de anteojo y reglas graduadas más precisas.

- Nivelación barométrica: Determina la diferencia de altitud entre dos vértices por diferencia entre las lecturas de barómetros en ellos instalados.

Las distintas visuales que han de efectuarse para determinar las altitudes relativas entre los distintos vértices de una triangulación, vienen influenciadas por la *refracción atmosférica* (que se produce por la densidad variable de las capas de la atmósfera). Para conocer éste factor necesitamos hallar primero el coeficiente de refracción (μ). **(11)**

La medida de altitudes de los vértices es de la mayor importancia en los trabajos de apoyo de un levantamiento, tanto si estos vértices son componentes de la RCH como si son puntos de apoyo para la restitución fotogramétrica.

La altitud de un vértice corresponde exactamente a la de la marca que lo materializa, salvo que se indique expresamente otra cosa.

Es conveniente explicar someramente sobre qué nivel de referencia está medida esta altura .

En España fundamentalmente usamos dos sistemas de referencia:

- *ED 50*. Datum Potsdam y elipsoide internacional. En este caso las alturas están referidas al geoide. Como éste coincide aproximadamente con el Nivel Medio del mar en Alicante, las alturas medidas son las "reales" sobre el mar de los puntos del terreno.

Para cualquier cálculo de una cierta exactitud es necesario conocer la diferencia geoide-elipsoide.

En la Península oscila entre los 40 mts. en Cádiz y los 15 en la cornisa Cantábrica. En Canarias, al utilizar Datum Pico de las Nieves, esta diferencia es inapreciable. (Dato a introducir en la fórmula del punto 2.10).

- *WGS 84*. Elipsoide propio y centrado en el centro de masas de la tierra. Las alturas en este sistema están medidas desde el elipsoide, por lo que no se tiene una referencia sobre el terreno. Este sistema prescinde del geoide y las alturas no requieren ninguna corrección para cálculos.

2.8.1.- CENITALES RECÍPROCAS

Las cenitales recíprocas solo se medirán para determinar el valor μ de la zona, caso de que éste no sea conocido, el cual es necesario para el cálculo de las altitudes de los vértices por el método de las cenitales absolutas para corregir las inclinaciones observadas por el efecto de curvatura debida a la refracción.

Para efectuar las medidas de cenitales recíprocas, se seguirán las siguientes normas:

- Se elegirán dos vértices lo más distantes posibles, cuya visibilidad sea buena, evitando los efectos de visuales rasantes.

- En dichos vértices se colocarán señales o marcas de igual altura, instalándose los teodolitos asimismo con alturas iguales. Con ello se evitan las correcciones a las cenitales medidas.

- De no poder establecer esta igualdad de altura de marcas e instrumentos, se corregirán las distancias cenitales medidas aplicándoles la siguiente corrección: **(12)**

$$e'' = \frac{m - i}{D.\operatorname{sen}1''}$$

en donde m es la altura de la marca, i la del instrumento y D la distancia entre ambos.

- Se efectuarán durante un período de cinco días, cinco medidas de cenitales por la mañana y otras tantas por la tarde, espaciadas entre sí un cuarto de hora, procurando que las horas de éstas medidas sean aproximadamente las mismas en las que se vayan a hacer las medidas de las cenitales absolutas.

- Las medidas deben ser simultáneas; para ello los observadores sincronizarán sus relojes y establecerán un plan previo de medidas.

- El valor de μ se hallará según la siguiente relación: **(13)**

$$\mu = \Sigma \frac{z_i + z_d - 180}{2.n.D}$$

en donde D es la distancia directa entre los vértices y n el número de medidas efectuadas.

- Los valores obtenidos para (Zi + Zd - 180) que se diferencien en más de 20´´, habrán de ser desechados de la serie que se obtenga para dicha magnitud.

2.8.2.- CENITALES ABSOLUTAS

Las altitudes de los vértices se deben determinar siempre por cenitales absolutas, partiendo de un vértice del IGN o de la RCH de altitud conocida.

Las medidas de cenitales absolutas se deben hacer según las normas siguientes:

- Se miden en la primera y última reiteración de la serie de medidas acimutales, colimando al mismo punto en las dos visadas de los círculos Directo e Inverso (Zd y Zi)

- Se debe anotar en la libreta la altura instrumental así como un esquema del punto visado, que servirán para poder aplicar posteriormente a la diferencia de nivel la altura de la marca, si se visa el tope, y la altura instrumental.

- Se debe tener especial cuidado en que el nivel correspondiente quede correctamente ajustado, comprobándolo antes y después de cada lectura.

El cálculo de la altitud del vértice visado se hará mediante, uno de los siguientes procedimientos:

- Si, por medio de cenitales recíprocas, se conoce el de la zona,

$$h = h' + [\, s. \, cotg \, (Z-\mu s).A.B + (i-m) \,] \qquad (14)$$

siendo:

h´	Altitud vértice estación.
s	Distancia horizontal o geodésica.
Z	Angulo cenital medido.
A	Función de la h del vértice conocido.
B	Función de la diferencia de alturas de ambos
	vértices
i	Altura instrumental.
m	Altura de la marca visada.

(A y B solo se tendrán en cuenta cuando las diferencias de nivel sean grandes y para largas distancias).

Como norma general, si sólo se conoce la cota del lugar donde se ha estacionado y la distancia directa D, la cota del punto visado será:

$$h = h´ + D \cdot \cos Z + D^2 . 10^{-8} + \mathit{(i\text{-}m)}$$

(Todas las unidades son metros)

El ángulo cenital Z hay que medirlo, como mínimo, en dos series distintas cada una con CD. y CI. (teodolitos no electrónicos).

El ángulo final Z será la media aritmética de todas las series, siguiendo el mismo criterio de tolerancia que en la extracción de ángulos horizontales (1,75 x Ecm).

La altitud definitiva de los vértices será el promedio de las que se hayan determinado, no admitiéndose una diferencia entre estos valores superior a dos metros.

2.9.- NIVELACIÓN GEOMÉTRICA O DE PRECISIÓN

Siempre que se necesite conocer la altura de un punto con mayor precisión que la obtenida con cenitales absolutas, se debe efectuar una nivelación geométrica. También se utilizará cuando no sea visible este punto desde el de partida o se necesite conocer la altura, con suficiente exactitud, de puntos intermedios.

Se debe efectuar siempre con un nivel intercalado entre dos reglas de nivelación milimetradas, colocadas aproximadamente a la misma distancia y no mayor de 100 mts.

Por lo tanto los saltos no deben exceder los 200 mts. en total. Siempre se debe recalar en un vértice de altura conocida o con regreso al punto de partida, si es posible por el mismo recorrido de ida a fin de comprobar posibles errores.

El error máximo admisible en centímetros es de $2.28\sqrt{k}$ **(15)**

(K= distancia recorrida en kilómetros).

Si la recalada entra dentro de la tolerancia, este error se compensará proporcionalmente a la distancia recorrida en cada salto. Caso contrario debe repetirse toda la nivelación.

A fin de asegurar al máximo la exactitud y fiabilidad de las medidas, todas éstas se harán con la lectura de los 3 hilos del nivel, promediando el superior y el inferior para el resultado final.

Las referencias del Cero Hidrográfico, en las reseñas de reglas de mareas a un punto fijo del terreno, deben hacerse mediante nivelación de precisión.

2.10.- REDUCCIÓN DE DISTANCIAS

La medida de distancias con distanciómetro está afectada de una serie de errores, debido fundamentalmente a las condiciones del medio físico por el cual se propaga la onda así como a las largas medidas que pueden efectuarse, con lo que aquellos se agrandan.

Por una parte la radiación viajara a diferente velocidad según la diferente composición de las distintas capas atmosféricas que atraviese y, por otra parte, la trayectoria no será rectilínea debido al índice de refracción. En definitiva, la distancia medida será diferente de la que realmente separa ambos puntos.

Estos errores son debidos por un lado a la temperatura y presión atmosférica. Los propios distanciómetros poseen unos controles y correcciones para evitarlos. Por otro lado es necesario suponer un índice de refracción constante, por lo que ésta corrección será función de esta suposición y de la distancia entre ambos puntos.

Los pasos a efectuar en estas correcciones son:

1.- Por curvatura de la trayectoria. Es decir, pasar a la línea recta que une ambos puntos.

2.- Reducción a la horizontal en la cota media.

3.- Reducción a la horizontal al nivel de referencia que esté establecido: Geoide, elipsoide ,etc.

4.- Reducción de la cuerda al arco: Pasar a la distancia real sobre la superficie del elipsoide. Esta se llama distancia geodésica y es la que se deberá utilizar en todos los cálculos.

Para la obtención de esta distancia existen fórmulas complicadas que se resuelven en el programa del punto 2.10 .

Para levantamientos expeditivos puede usarse la siguiente fórmula:

$$L = R\sqrt{\frac{D^2 - (h_b - h_a)^2}{(R+h_b)(R+h_a)}} + \frac{D^3}{33\,R^2}$$

siendo R el radio de la esfera local y h_a y h_b las alturas de los puntos sobre el elipsoide.

2.11.- PROGRAMAS DE CÁLCULO

El único programa autorizado para los diferentes cálculos es el llamado *"HIDRO"* desarrollado por la Sección de Geodesia del Instituto Hidrográfico. Con cada cálculo debe remitirse el impreso reglamentario, firmado el "Calculé" y "Comprobé" por dos personas distintas.

Caso que alguna Comisión considerase conveniente el uso de algún programa distinto (en algún cálculo concreto) lo debería remitir previamente a su utilización a la mencionada sección a fin de su comprobación y homologación, si procede. Asimismo, si se observa algún error, mejora o modificación, deberá darse inmediata cuenta, con todos los datos de entrada y con copia de impresos, pantalla y pasos efectuados, a fin de disponer del máximo de información.

Los programas que incluye la versión 3.1. de HIDRO son los siguientes:

1.- Extracción de ángulos.

1.1 Horizontales

1.2 Cálculo de excéntricas

1.3 Cenitales

1.4 Reducción de la distancia

2.- Conversión de coordenadas.

2.1 Geográficas a UTM

2.2 UTM a Geográficas

2.3 Factor de escala y convergencia

2.4 Declinación magnética

2.5 WGS 84 a ED 50

7.2 Compensación del cuadrilátero.

7.3 Cálculo de áreas

7.4 Cálculo de volúmenes.

8.-Cálculo de parámetros de transformación de sistemas de referencia.

Todos los programas anteriores disponen de *menú de ayuda* para aclarar su utilización. Asimismo pueden ejecutarse en WGS 84 ó ED 50 así como con grados sexagesimales ó centesimales.

Todos los cálculos tienen salida por impresora, siendo éste el formato reglamentario en la presentación de la Memoria del parcelario.

REFERENCIAS CAPÍTULO II

(1) ANÓNIMO, *Técnicas cartográficas,* Apuntes Ejer.Tier., 1975

(2) GANDARIAS V., *Geodesia,* Inst.Hidrogr.Mar., Cádiz, 1961, p.20

(3) Ibídem, p.20

(4) GANDARIAS V., Op.Cit., 1961, p.42

(5) ROSSIGNOLI JL., *Proyección Universal Transversa Mercator,* Serv.Geogr.Ejer., Madrid, 1976.

(6) ARRADONDO-PERRY J., *GPS World Receiver Survey,* GPS World, Vol.III-NºI, 1992, pp.46-58.

(7) DOMINGO L., *Fotogrametría I,* Serv.Geogr.Ejer., Madrid, 1981.

(8) GANDARIAS V., Op.Cit., 1961, pp.37-38.

(9) PALADINI A., *Apuntes de Geodesia I,* Serv.Geogr.Ejer., Madrid, 1981, p.37

(10) GANDARIAS V., Op.Cit., 1961, p.93

(10) GANDARIAS V., *Geodesia*, Inst.Hidrogr.Mar., Cádiz, 1961, pp.83-86

(11) Ibídem, p.89

(12) GANDARIAS V., Op.Cit., 1961, p.86

(13) GANDARIAS V., Op.Cit., 1961, p.91

(14) GANDARIAS V., Op.Cit., 1961, p.93

CAPITULO III

TRABAJOS DE MAR

3.1.- SONDAS

El objeto de todo trabajo hidrográfico es conocer con la mayor exactitud posible el relieve submarino, siendo por lo tanto la operación de sondas la más importante y a la que ha de prestársele la mayor atención, ya que el resto de los trabajos efectuados en un levantamiento deben ser considerados como operaciones preliminares o complementarias a la obtención de las sondas. **(1)**

Las operaciones de sondeo son un muestreo estadístico del fondo. Este muestreo se corresponderá mas con la realidad cuanto mayor sea la densidad de sondas, lo cual es una función de la escala del parcelario.

Al objeto de delimitar mejor las características batimétricas, las sondas se proyectan por líneas paralelas o radiales, organizadas a su vez por bloques, de manera que estas corten a los veriles perpendicularmente.

Independientemente de la escala del parcelario, el intervalo entre las líneas de sondas debe ser de un centímetro gráfico en fondos superiores a 20 metros. En canales de acceso e interiores de puertos, zonas de fondeo y fondos inferiores a 20 metros, la densidad de las líneas se aumentará al medio centímetro gráfico. **(2)**

En las zonas de atraque conviene sondar con la mayor densidad posible, aun cuando luego no se representen estas sondas en el parcelario por falta de espacio. Cuando la dirección de la costa sufra un cambio brusco, se efectuarán radiales, teniendo en cuenta el intervalo entre líneas en los extremos, y tomando como eje de giro un punto situado en el terreno. **(3)**

Todas las profundidades anómalas de las que se tiene conocimiento previo, y aquellas que se detecten durante el levantamiento, deben examinarse con el mayor detalle. Para ello se planearán exploraciones a mayor densidad que la del levantamiento original. Si se confirman se debe determinar su profundidad mínima.

Se deben efectuar líneas de control para confirmar la precisión de las posiciones, profundidades y reducción de mareas. El intervalo entre líneas de control no debe ser superior a diez veces el intervalo entre las líneas de sonda, siendo normales a éstas.

Las sondas de contorno se efectúan con bote entre la línea de la bajamar y el veril de seguridad de navegación del barco. Estas sondas se llevan a cabo con todo detalle con el fin de delimitar los peligros existentes cerca de la costa y las piedras que cubren y descubren. En playas abiertas se delimita la zona de rompientes, así como la línea de bajamar. **(4)**

Los veriles o líneas isobáticas deben quedar perfectamente delimitados, especialmente los veriles extremos, por lo cual una línea no debe concluirse hasta comprobar en el sondador un aumento claro de los fondos. Para el trazado de los veriles se sigue el criterio de hacerlos pasar por la sonda mas alejada de tierra.

El montaje de las líneas de sondas efectuadas con barco, con las del bote, se debe hacer dentro de un intervalo como mínimo de dos centímetros gráficos, confrontándose los fondos de las zonas comunes.

Cuando en la zona a levantar se encuentre una derrota recomendada para la navegación, se debe sondar ésta al menos una vez en cada dirección, complementándose, de ser posible, con una exploración con el *Sonar de Barrido Lateral*, y asegurándose así un recubrimiento total de la derrota y su área adyacente.

3.1.1.-NORMAS PARA EL TRABAJO DE SONDAS

El trabajo de obtención de sondas se efectúa con bote o barco según las profundidades de las zonas a explorar. Cualquiera que sea el tipo de embarcación hay que adoptar una velocidad la cual será un compromiso entre el rendimiento del levantamiento, características batimétricas y estado de la mar. La velocidad del bote o barco debe ser aquella que permita discriminar perfectamente en el papel registro del sondador las distintas alteraciones de la topografía submarina.

Asimismo, la velocidad del rollo de papel del sondador será la adecuada para la obtención de un registro claro del fondo. Para ello la mínima velocidad admisible a introducir será en cm/min igual a la velocidad del barco o bote (expresada en nudos) multiplicada por 1000.E (siendo E la escala del parcelario). Con esto obtendremos un registro de un centímetro del papel del ecograma por cada 3 cm. gráficos del parcelario. Para obtener la posición del selector correspondiente a la velocidad del papel obtenida en cm/min hay que entrar en las tablas correspondientes de los manuales de los sondadores. (5)

Si la velocidad del papel obtenida para una velocidad presupuesta del barco no está dentro de los límites del equipo, habría que reducir la velocidad de la embarcación.

Las sondas que van a figurar a lo largo de las líneas de sondas principales, deben seleccionarse de forma que se dé prioridad a los picos, fosas y puntos de cambio de pendiente. El intervalo entre éstas sondas no debe exceder de 5 mm. a la escala del levantamiento, excepto cuando el fondo del mar sea uniforme, pudiéndose en este caso incrementar el intervalo hasta 10 mm.

El estado de la mar, siempre que no se cuente con compensadores de movimiento vertical, supondrá una restricción al trabajo de sondas, no debiendo efectuarse trabajos de sondas con olas de amplitud superior al doble de los errores máximos admitidos en el punto 3.1.1.2.

Las características batimétricas obligan a una atención permanente del registro del sondador, al objeto de adoptar en cada momento la escala más idónea, es decir la mayor compatible con los fondos previstos. Por ello se debe adscribir un operador al sondador, quien mantendrá una vigilancia estrecha sobre el equipo, ajustando sus controles y haciendo las anotaciones pertinentes en el registro.

La calibración del sondador es de la mayor importancia durante las operaciones de sondeo. Por ello, al inicio y finalización del trabajo, y con la embarcación en la zona, se deben efectuara las comprobaciones señaladas en el punto 3.1.1.2.

3.1.1.1.- JEFE DEL EQUIPO DE SONDAS

El Jefe de Equipo de Sondas es un Oficial Hidrógrafo (el Oficial Jefe de la Guardia, en el caso de las sondas de barco) , el cual debe tener en cuenta la responsabilidad del trabajo que dirige, estando continuamente atento a la lectura de los fondos. Cualquier anomalía debe ser comunicada al Comandante para que se pueda, si procede, ordenar una exploración más detallada. Caso de alteración brusca del fondo que indique la presencia de un bajo, debe anotarse la lectura de la situación si se navega con medios radioeléctricos. Si el trabajo de sondas se efectúa con medios visuales, se debe balizar el lugar, al objeto de poder llevar a cabo una exploración detallada.

El Jefe de Equipo será el responsable de que los estadillos se rellenen correctamente, así como que en el papel registro del sondador se anoten los datos del levantamiento y del sondador, la escala empleada, numero de orden de la sonda y hora correspondiente. Al finalizar el trabajo del día, si son sondas de bote, o a la salida de guardia, caso de sondas de barco, el Jefe de Equipo debe firmar en el papel registro del sondador. Asimismo firmará las libretas de cortadores o estadillos de registro del sistema radioeléctrico utilizado, según proceda.

3.1.1.2.- MEDIDAS DE PROFUNDIDAD

El error total en la obtención de sondas no debe exceder, con una probabilidad de al menos el 90%,de los siguientes valores:

De 0 a 30 metros .... 0.3 metros.

Fondos mayores de 30 metros......... 1% de la profundidad.

Las sondas obtenidas se deben reducir a la bajamar escorada para su trazado en el parcelario. El error de tales reducciones no debe exceder de los errores máximos admitidos reseñados anteriormente.

Los fondos superiores a 200m no se corregirán por altura de marea. **(6)**

En fondos aplacerados o de suave pendiente, si en la intersección de una línea de sonda con la de control, se encuentran diferencias en profundidad que excedan del doble de los valores de los errores máximos admitidos, se debe iniciar una investigación de las causas de tal discrepancia, las cuales pueden ser debidas a error en situación, en la lectura de la sonda o en la reducción de mareas.

En fondos accidentados se debe buscar el posible error a partir de la existencia de diferencias sistemáticas persistentes en la mayoría de las intersecciones.

El mismo criterio se seguirá en la comprobación del montaje entre las sondas del bote y barco, o en los montajes del trabajo en curso con levantamientos anteriores.

En los naufragios y obstrucciones sobre profundidades inferiores a 40 m. , y que puedan resultar un peligro para la navegación, se debe efectuar, siempre que sea posible, una exploración complementaría por medio de buceadores o con el Sonar de Barrido Lateral, al objeto de establecer la naturaleza exacta de la obstrucción, determinando con posterioridad la profundidad mínima a que se encuentran.

Debe hacerse una limpieza periódica de los transductores de sondadores para que su alcance no se vea reducido.

3.1.1.3.- CALIBRACION DEL SONDADOR

Para llevar a cabo el cumplimiento respecto a los errores máximos admitidos en la determinación de las sondas, es necesario una minuciosa calibración de los sondadores.

Las dos fuentes de error de un sondador, error de índice y error de velocidad del motor, se comprueban y corrigen siguiendo los pasos de los puntos que se explican a continuación.

3.1.1.3.1.- <u>CALIBRACION DEL SONDADOR DESO 10 EN</u>
<u>BOTES</u>

En embarcaciones menores se calibra por plancha o barra. Para ello, en el sondador se llevará a coincidencia la línea de emisión con la línea cero del papel, esto es, llevar a cero el calado del transductor. Para hacer la calibración se introduce una velocidad nominal del sonido de 1.500 m/seg.

Seguidamente, en un lugar elegido de la zona de trabajos, se arria la barra de 2 en 2 metros y hasta una profundidad de 10 m. La barra será la adecuada a la manga del bote e irá provista en sus extremos de dos cabos perfectamente medidos y marcados a las profundidades de calado; dichas marcas se harán coincidir con la superficie del agua, con el bote a ser posible a la deriva para evitar arrastres de la barra por corriente.

En el ecograma se obtendrán las trazas correspondientes a las profundidades medidas. De estos pares de valores (profundidad verdadera o de arriado de la barra, Zv y profundidad medida Zm) se obtendrán las diferencias respectivas $\Delta z = Zv - Zm$

Los valores de profundidad medida Zm y las diferencias halladas Δz se representan en unos ejes cartesianos en abscisas y ordenadas respectivamente (figura de la página siguiente). (7)

Prof. barra Z_v	Prof. medida Z_m	$\Delta Z = Z_v - Z_m$
2	1.46	0.54
4	3.48	0.52
6	5.49	0.51
8	7.51	0.49
10	9.52	0.48

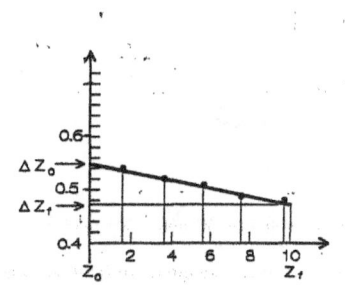

$$m = \frac{\Delta Z_f - \Delta Z_o}{Z_f} = \frac{0.47 - 0.55}{10} = -0.008$$

$$C_v = C_n \, (1 + m) = 1500 \times (1 - 0.008) = 1488$$

3.1.1.3.1.1 -RECALIBRACIÓN

Al finalizar la jornada de trabajo se comprueba la calibración del sondador, arriando la plancha o barra de dos en dos metros hasta los diez metros, y anotando la lectura en descenso; después se iza la barra, anotando las lecturas en ascenso. Se calculan entonces las diferencias entre la media de las lecturas en ascenso y descenso y las profundidades verdaderas.

Si alguna de estas diferencias supera los 0,2 metros debe inferirse que la velocidad del sonido o el calado de la embarcación han variado, por lo que se debe efectuar una calibración completa tal como se ha explicado anteriormente. El jefe del equipo de sondas, a la vista de la evolución de las condiciones ambientales, debe entonces estimar en qué momento ha de establecerse la frontera temporal hasta la que los parámetros inicialmente calculados son de aplicación; todas sondas posteriores deben ser calculadas de acuerdo con los parámetros Zo, Cv determinados en el proceso de recalibración, haciendo la oportuna anotación en el ecograma y dando cuenta de ello en la memoria del levantamiento.

Si en la comprobación de la calibración se aprecia alguna diferencia $Zv - Zm$ igual o superior a 0,3 metros, no se debe dar validez a las sondas más recientes, quedando al juicio del jefe del equipo de sondas, a la vista de la evolución de las condiciones ambientales, la decisión del momento a partir del cual los parámetros iniciales perdieron su validez.

Cuando se produzca cambio de rollo de papel, se debe ajustar la marca del pulso de disparo al valor Zo , previamente calculado.

La calibración del sondador debe hacerse en cada una de las siguientes circunstancias:

- Al inicio de la jornada de sondas.
- Cuando se aprecie un cambio en las características físicas de las masas de agua en que se va a operar.
- Cuando se aprecien cambios de calado en la embarcación por modificaciones en su carga.
- Si en la comprobación final de la calibración se observan diferencias entre sonda verdadera y registrada superiores a los 0.2 metros.

3.1.1.3.2-CALIBRACIÓN EL SONDADOR DESO 20 EN AGUAS SOMERAS.

El sondador Deso-20 está dotado de un transductor de calibración portátil S. W. 6026 A 003, con un cable de 33 metros de longitud. Este permite la determinación de la velocidad del sonido en el agua a distintas profundidades, limitado a la longitud física del cable. Por lo tanto es útil para su uso en botes, y para el barco en fondos inferiores a unos treinta metros.

Previamente se debe estimar el margen de sondas del área que se va a sondar. El transductor por recalibración se calará entonces a distintas profundidades, en función de las condiciones ambientales reinantes, determinando la velocidad del sonido en cada una de ellas, según lo descrito en el manual del equipo.

La determinación de la velocidad del sonido se hace a intervalos de profundidad de 10 metros como máximo, a partir de la profundidad correspondiente al transductor fijo de la embarcación. La densidad del muestreo se duplicará cuando, debido a las condiciones ambientales, sea previsible una estratificación más intensa: mar calma o rizada, lluvia, insolación intensa, verano y especialmente el llamado "efecto mediodía" (calentamiento intenso, en verano, de las capas más superficiales).

El ajuste del papel se efectuará mediante los mandos 0 y 200, llevando en todo momento una vigilancia sobre el trazado de líneas de emisión en el ecograma, retocándose con esos mandos en caso necesario. Este ajuste hay que hacerlo cada vez que se cambie el rollo de papel.

Además hay que introducir el calado conocido de la embarcación, de tal forma que el pulso del disparo aparezca, en el registro, a esa profundidad. Previamente hay que activar la introducción de este dato en el registro y la salida digital, por medio del interruptor al efecto. El valor del calado se anotará en el mismo ecograma.

La calibración ha de hacerse en las mismas circunstancias que se describió anteriormente. Al final de la jornada de sondas se efectuará la recalibración.

3.1.1.3.3. -CALIBRACIÓN DEL SONDADOR EN BARCO

En los barcos y, dado que no existen aparatos para hacer este ajuste, se ha optado por introducir una velocidad del sonido promedio estimada para varias zonas de nuestras costas en función de la época del año, a partir de registros históricos de salinidad y temperatura en la distintas áreas y a diferentes profundidades.

La marca de cero o señal de transmisión en la unidad registradora debe hacerse coincidir con el calado del transductor en la escala en que se vaya a sondar. En el caso del *Deso 20* hay que encender previamente el interruptor que activa la introducción de este dato, tanto de registro, como la salida digital.

En el caso del *Deso 10*, además de introducir el calado en la unidad de registro, hay que hacerlo también en el dial al efecto del digitalizador *Edig 10*, activando entonces la salida digital de sonda corregida por calado.

En los gráficos uno a seis, según la forma en que se sonde (ver gráficos de las páginas que siguen) se entrará en ordenadas con la máxima profundidad esperada en la zona que se va sondar, e interpolando entre las dos curvas correspondientes a los meses más próximos, se lee en abscisas la velocidad del sonido promedio para esa zona y época, que se anotará en el registro, introduciéndola en el sondador y comprobando el error de índice por último. **(8)**

ABACOS DE VELOCIDAD DEL SONIDO (ZONAS I, II, III)

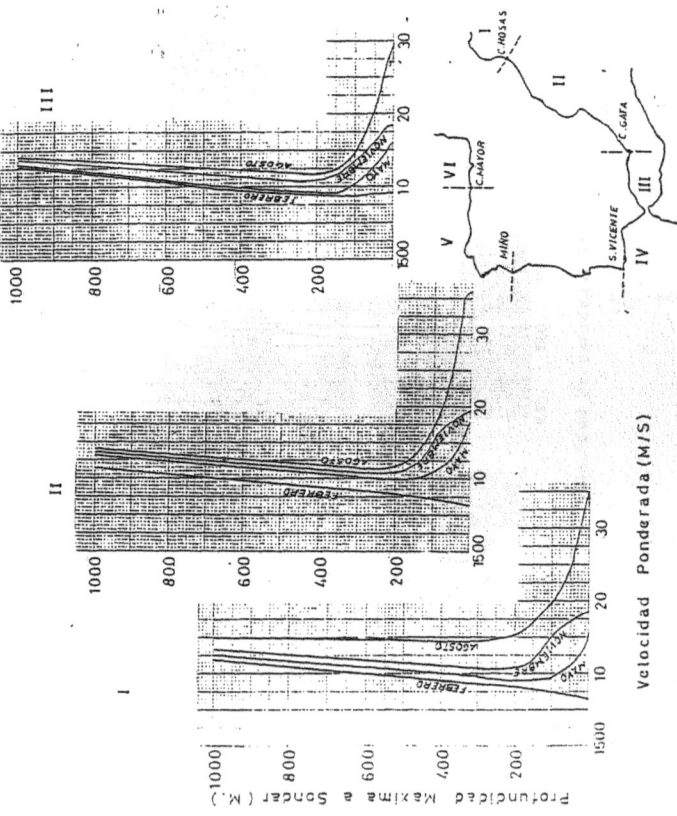

ABACOS DE VELOCIDAD DEL SONIDO (ZONAS IV, V, VI)

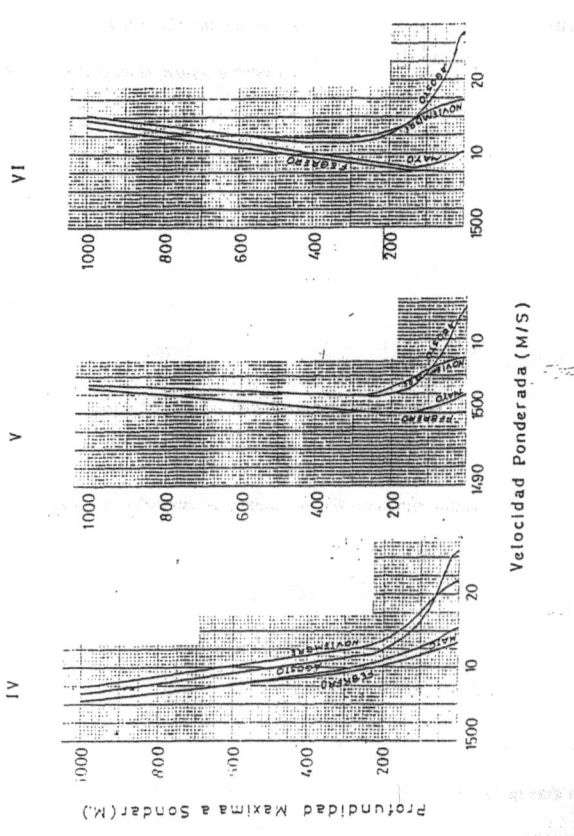

3.1.2.- SITUACIÓN DE LAS SONDAS

La situación de las sondas, peligros y todos aquellos elementos significativos, deberán determinarse de tal forma que haya un 95% de probabilidad de que la verdadera posición se encuentre dentro de un círculo de 1,5 mm. de radio a la escala del levantamiento, con centro en la posición determinada.

Siempre que sea posible la situación se determinará con tres o más líneas de posición.

El cálculo de la situación a partir de dos líneas de posición es fuertemente desaconsejado, debiendo ser previamente autorizado por el Instituto Hidrográfico a la vista de las disponibilidades de equipos y condicionamientos locales.

Para la situación de las sondas se cuenta con los siguientes medios:

- Visuales: Dirección y Cortadores.

- Radioeléctricos :Raydist ,Trisponder y Rho-Theta.

- Mixto: Combinación de Visual y Radioeléctrico.

- GPS y GPS Diferencial.

El intervalo entre sondas situadas por cortes de líneas de posición, no será mayor de cuatro centímetros gráficos. Cuando se navegue siguiendo un arco de círculo radioeléctrico, el intervalo se reducirá al objeto de obtener mayor precisión en el trazado de las sondas intermedias.

3.1.2.1.- SITUACIÓN POR MEDIOS VISUALES

Este medio se utilizará en las sondas con bote en aquellas zonas en las que las características del terreno no permitan el uso eficaz de los medios radioeléctricos de posicionamiento.

Al situarse por medios visuales se utilizará una dirección dada desde tierra y cada sonda será al menos situada por tres cortadores. Los ángulos formados por cada par de estas líneas de posición han de ser mayores de 30 grados y menores de 150.

Para la situación de sondas por medio visuales se requiere efectuar una serie de trabajos de gabinete previos a los de campo.

3.1.2.1.1.- TRABAJO DE GABINETE

Sobre la Hoja de Campo en la que se haya incluído el caminamiento taquimétrico, se trazarán y numerarán a lápiz las líneas del proyecto a sondar. Si la dirección de la costa es aproximadamente N-S, las líneas se proyectan en dirección E-W, en cuyo caso se dividen en centímetros o medios centímetros los marcos E y W de la hoja de campo, y se unen con líneas a lápiz que cortarán el caminamiento taquimétrico.

Si la costa sigue una dirección aproximada E-W, las líneas se proyectan sobre los marcos N y S. No obstante, como norma general, se deberán proyectar las líneas de sonda en sentido normal a los veriles

Si una línea proyectada pasa entre dos regladas, se unirán éstas mediante una línea trazada a lápiz, señalándose el punto de intersección, que será la cabeza de línea; las distancias entre ésta y las regladas adyacentes serán medidas con la mayor meticulosidad.

Si la línea estuviese muy próxima a una estación o reglada será preferible tomar ésta como cabeza de línea, simplificando las medidas de gabinete y de campo, siempre que no se altere notablemente el intervalo entre líneas.

A continuación se coloca un transportador sobre la cabeza de línea, con el cero orientado hacia la línea de sondas y se miden, al menos, tres direcciones a sendos vértices, que se anotarán en los estadillos correspondientes.

Para facilitar esta labor de gabinete, el equipo de taquimetría debe hacer constar en las libretas cuales son los vértices visibles en cada tramo del caminamiento.

Este trabajo previo de gabinete es de la mayor importancia, ya que de él depende la correcta exploración de los fondos correspondientes, así como que el trabajo de bote sea efectuado con el máximo rendimiento. Esta fase de planificación es supervisada directamente por el Jefe de Trabajos, el cual firma con su visto bueno el proyecto del trabajo.

3.1.2.1.2.- TRABAJO DE CAMPO

Antes del inicio de esta fase del trabajo de sondas el Oficial Hidrógrafo, Jefe del Equipo de Sondas, comprueba la documentación de la zona a investigar, así como que cada componente del equipo de tierra, *direccionistas y cortadores*, conocen el terreno y los puntos en los que tienen que estacionar.

Después se sincronizan los relojes de todos los componentes del equipo y se comprueban los sistemas de comunicaciones radiotelefónicas, estableciéndose un sistema alternativo de comunicaciones visuales para caso de fallo de aquellas.

El equipo de tierra se compone de:

Direccionistas: en número mínimo de dos (y alternándose), cuya misión es dirigir al bote en las líneas proyectadas. Al estacionarse en cada cabeza de línea comprueban cada una de las direcciones que figuran en el estadillo. Si la orografía de la línea de costa impide observar las direcciones de los vértices reseñados, se visará al teodolito de la cabeza de línea anterior (o posterior) y se le pedirá al otro direccionista ángulo (de 0° a 360°) entre la línea de sondas anterior (o posterior) y el teodolito propio. Si "A" es el ángulo recibido, se introducirá en el teodolito, sin variar la línea de visada, el ángulo "A+180°" y se girará a continuación hasta que apunte al 0°. En todo momento pasarán información al Jefe de Equipo del apartamiento del bote con respecto a la línea.

Cortadores: son los observadores que se despliegan a lo largo de la línea de costa en posiciones conocidas, tomando las lecturas de los ángulos que forma el bote respecto a los vértices de la Red de Control Hidrográfico en el instante de la sonda. Los cortadores deben estacionarse teniendo en cuenta que cada sonda debe ser situada al menos por tres líneas de posición, y que entre cada par de líneas el ángulo mínimo debe ser de 30 grados, sin exceder de 150.

Tanto el Direccionista como los Cortadores, al recibir la señal de sonda desde el bote, anotarán el numero de ésta, el ángulo de corte y la hora correspondiente.

El equipo de bote estará compuesto por el Jefe del Equipo de Sondas, operador del sondador y dotación. Una vez que el bote esté en la zona a sondar, se calibrará el sondador siguiendo los pasos expuestos en el apartado 3.1.1.3. Una vez finalizado el trabajo diario, se volverá a comprobar la calibración del sondador antes de abandonar la zona de sondas.

El Jefe de Equipo decidirá la escala a emplear en el sondador, así como el intervalo entre cada dos sondas, el cual no debe ser mayor que el correspondiente a cuatro centímetros gráficos. Cada evento de sonda situada será comunicada al equipo de tierra, anotándose en el papel registro del sondador el número y hora de la sonda. En la libreta del bote se anotará hora, numero de sonda, apartamiento con respecto a la línea en el momento de la sonda, así como cualquier otra incidencia (variaciones de régimen del motor, estado de la mar, visibilidad, etc) que puedan facilitar la interpretación y trazado de las sondas en el parcelario. La velocidad de la embarcación se mantendrá invariable entre sondas situadas.

Sistemáticamente y según el área explorada, se efectuarán las líneas de control con la densidad señalada en el apartado 3.1. Para estas líneas no es necesario el direccionista, procurándo navegar a rumbos fijos normales a las líneas de sonda.

A la finalización del trabajo de sondas diario, el Jefe de Equipo firmará el papel registro del sondador, así como las libretas de bote y de cortadores una vez revisadas, anotando los comentarios que considere oportunos.

Se tendrá en cuenta todo lo reseñado en las normas existentes relativas a la documentación que se rinde a posteriori.

3.1.2.2.- SITUACIÓN POR MEDIOS RADIOELÉCTRICOS

Los medios radioeléctricos empleados en el posicionamiento de las sondas son Raydist, Trisponder y Rho-Theta, los cuales pueden estar integrados en un sistema automatizado.

Independientemente del sistema de radionavegación a utilizar, se deberá tener en cuenta la importancia del exacto posicionamiento de las estaciones de tierra, las cuales deberán situarse en vértices de la RCH.

El registro de éstas posiciones será analógico y, por tanto, su trazado será manual. Para ello se contará con el correspondiente canevas de círculos de distancia, en donde las direcciones medidas se introducirán por medio del transportador.

3.1.2.3.- SITUACIÓN CON G.P.S. DIFERENCIAL.

Las situaciones con éste sistema resultan, de la aplicación de técnicas diferenciales, al sistema *NAVSTAR-G.P.S.* de posicionamiento por satélite.

Para la aplicación de ésta técnica se necesitan: **(9)**

- Un receptor de referencia en tierra.

- Un receptor móvil.

- Un enlace radio entre ambas estaciones.

En la elección de un punto en tierra, de coordenadas conocidas, como estación de referencia, se debe tener en cuenta: **(10)**

- Que el horizonte esté despejado en un círculo de 100 metros para evitar efectos multi-paso en la recepción de las señales del satélite.

- Asegurar el enlace radio con la estación móvil. Esto puede ser crítico con enlace en V.H.F.

El sistema G.P.S. efectúa los cálculos en el sistema de referencia geodésico WGS-84, dato a tener en cuenta tanto en las coordenadas de la estación fija de referencia, como en las situaciones obtenidas en la móvil. Sin embargo, a distancias inferiores a 10 Km., pueden introducirse coordenadas en el sistema ED50 en la estación de referencia, obteniéndose entonces la posición del receptor móvil en el mismo sistema y sin errores apreciables.

Hay que tener entonces, no obstante, la precaución de introducir las alturas elipsoidales en lugar de cotas ortométricas.

Para la instalación y manejo de los receptores satélite y equipos de radioenlace es necesaria la referencia a los manuales correspondientes. No obstante se citan a continuación, aspectos destacados del manejo del Sistema TRIMBLE 4000 DL/RL:

- El adaptador general (G.P.P.A.) deberá ir conectado al puerto 2 (AUX) en el receptor de referencia y al puerto 1 (MAIN) en el receptor móvil.

- Deben emparejarse los parámetros de salida de datos del receptor de referencia: baudios, paridad, etc., con los de entrada de datos en el receptor móvil.

- Debe prestarse especial atención a la introducción de las coordenadas en la estación de referencia. Cualquier error en ellas se traduciría directamente en un error de las posiciones calculadas por la estación móvil.

Para evitar errores de éste tipo se debe seleccionar un punto en la zona de trabajo, accesible con la embarcación y cuyas coordenadas se calculen de antemano. Previamente al inicio de las sondas, la embarcación se estaciona en ese punto, comprobando que las coordenadas obtenidas por el receptor GPS coinciden con las previamente calculadas. De ésta forma se asegura un control independiente sobre las posiciones calculadas por el Sistema.

- La máscara de elevación se pondrá en 100.

- La máscara por PDOP se pondrá en 20.

- El modo de resolución de la posición en la estación móvil será por "latitud, longitud y altura" ó "latitud y longitud con altura fija", con selección automática de uno u otro modo por el propio receptor en función del número de satélites. Para ello se introducirá la altura de la antena G.P.S. sobre el elipsoide WGS-84 (o el Internacional, en el caso de que el Sistema de Referencia elegido sea el ED5O) en el receptor de la estación móvil.

- La antena del receptor móvil debe instalarse lo más elevada posible y fuera de los lóbulos principales de radiación de los emisores de microondas (radar, trisponder, etc.).

3.1.3.- SISTEMAS HIDROGRÁFICOS INTEGRADOS.

Se entiende aquí por "sistema hidrográfico integrado", el conjunto de todos aquellos dispositivos de medición, cálculo y registro que permiten, de forma automática, la determinación y almacenamiento de los datos de posición y sonda, así como el control del levantamiento.

Están basados en la electrónica digital, que permite una transferencia extremadamente rápida y fiable de los datos digitales. Normalmente están organizados alrededor de un ordenador que ejecuta los cálculos pertinentes, al que se conectan los sensores de posición y, con frecuencia, también de sonda y toda suerte de periféricos que permiten un control inmediato sobre todas las operaciones que se están ejecutando.

Asimismo disponen de medios de almacenamiento y transferencia de los datos digitales que es necesario conservar.

Dependiendo de su diseño, los procesos de adquisición de los datos hidrográficos son más o menos eficientes en términos de calidad de la información, y de capacidad para su control.

A continuación se lanza el programa *Survey* asignando un nombre y duración al fichero de los datos que se van a adquirir. El nombre de los ficheros Survey consta de los siguientes códigos:

- Letra inicial del nombre del barco.
- Número o números del parcelario correspondiente.
- Letra S de fichero Survey.
- Punto decimal.
- Número de orden de éste fichero.

Por ejemplo, el fichero A4435S.01 correspondería al primer fichero Survey a efectuar por el "Antares" en el parcelario 4435.

La duración del fichero SURVEY se recomienda que sea de cinco horas como máximo. **(11)**

3.1.3.1.- SHIME

Desde 1994 la Armada Española cuenta con un sofisticado programa informático, el SHIME (Sistema Hidrográfico de la Marina Española) que permite registrar digitalmente miles de sondas para su posterior estudio. Antes de realizar el levantamiento, el ordenador principal del buque digitaliza el perfil de la costa y la zona que se va a sondar. Esto es el parcelario. Sobre él se proyectan y trazan unas líneas paralelas imaginarias que deberá seguir el barco en su navegación. Según la escala de la carta que se quiera realizar o la importancia y densidad de tráfico marítimo que soporte el área de muestreo, el número de líneas variará .

El siguiente paso es determinar en cada momento la posición del buque en el parcelario. Hasta los años setenta, el procedimiento era visual y, por lo tanto, poco fiable. Hoy en día, con la ayuda de un GPS, la situación del barco aparece reflejada instantáneamente en una pantalla en forma de señal intermitente que el timonel sólo debe hacer coincidir con las líneas del parcelario. En plan anecdótico se puede reseñar que el comandante de un barco hidrógrafo definía esta tarea de la siguiente forma: **(12)**

"...Es como arar en el mar. El barco sigue paso a paso las líneas dibujadas como si se tratase de un tractor, igual que se trazan los surcos en un campo de cereales".

Finalmente empieza la recogida de datos. El ordenador de a bordo almacena miles de señales procedentes de los sondadores acústicos y las registra automáticamente, hasta tres o cuatro por segundo. La exactitud es absoluta. Un reloj interno guarda la hora en la que se realiza cada sonda y posteriormente se introducen las correcciones de nivel necesarias para compensar el efecto de las mareas.

3.1.3.1.1.- <u>MÉTODO SHIME EN EL B/H TOFIÑO</u>

El sistema SHIME en este barco está dividido en dos grandes grupos: **(13)**

- Subsistema de Adquisición en el puente.
- Subsistema de procesado en la sala de dibujo.

El ordenador del puente está destinado a la adquisición de datos, llevando conectados todos los sensores utilizados en el levantamiento (posicionadores, compensadores de oleaje y sondadores), además de otros periféricos tales como ratón, impresora y monitor remoto para timonel.

El ordenador de la sala de dibujo tiene como misión el procesado de los datos provenientes del levantamiento hidrográfico y su posterior grabación en unidades de almacenamiento masivo. A él se conectan los periféricos necesarios para tal fin: ratón, impresora, tablero digitalizador, trazador gráfico (plotter) y unidad de cinta para copias de seguridad.

Todo lo relacionado con este punto puede observarse con mayor claridad en el gráfico de la página siguiente:

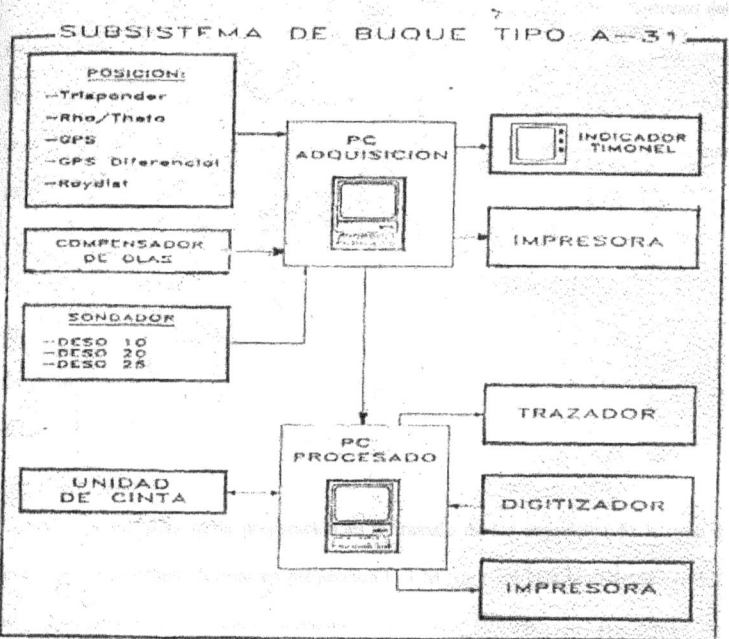

3.2.- SONDAS CON SÓNAR DE BARRIDO LATERAL

El Sonar de Barrido Lateral es un instrumento a utilizar como complemento del trabajo de sondas. Normalmente su empleo viene determinado en la Instrucción Normativa correspondiente. No obstante, los Jefes de Comisión, siempre que lo consideren conveniente, deben solicitar al Instituto Hidrográfico la instalación del equipo para efectuar las exploraciones oportunas.

Las escalas no son un factor determinante en los levantamientos con Sonar de Barrido Lateral, pues el barrido es preciso hacerlo en la totalidad de la zona. Generalmente la escala 1:10.000 es la mas apropiada, aunque si la zona a levantar es muy extensa los parcelarios se pueden proyectar a 1:20.000.

El primer paso de la preparación es el trazado de los esqueletos de la zona a levantar, que se deben efectuar en proyección U.T.M. (por ser ésta la utilizada por los actuales sistemas hidrográficos integrados) con representación de los cortes de meridianos y paralelos.

Se debe estudiar la batimetría existente con una especial atención al relieve submarino: zonas aplaceradas, taludes y bajos existentes, que puedan constituir un peligro tanto para el buque como para el transductor remolcado por este. Asimismo se debe estudiar la orientación de los veriles.

Antes de iniciar el proyecto de líneas de exploración es necesario considerar el transductor o transductores que se van a utilizar. Con ambos transductores se utiliza conjuntamente el penetrador de fondos de 3.5 Khz.

El transductor de 500 Khz proporciona un máximo ancho de barrido de 100 metros a cada banda del buque y el sensor debe navegar a una distancia del fondo comprendida entre el 10% y el 20% del ancho de barrido seleccionado.

El solape mínimo entre líneas sería del 30% del ancho de barrido o sea 30 m. en caso de usar 100 m. de ancho de barrido, aunque es muy aconsejable adoptar un solape del 50% con lo cual la separación entre líneas debe ser de 150 m., cuando usemos 100 m. de ancho de barrido.

El transductor de 100 Khz. proporciona un ancho de barrido de hasta 300m. a cada banda del buque. Con 200m de ancho de barrido, el sensor debe navegar a una distancia del fondo comprendida entre 20 y 40 m. El solape mínimo será de 60m, y el aconsejable de 100m , lo que nos da una distancia entre líneas de 300m.

Con 300 m. de ancho de barrido, el sensor debe navegar a una distancia del fondo comprendida entre 30 y 60 m. El solape mínimo será de 90 m. y el aconsejable de 150m, lo que nos da una distancia entre líneas de 450m.

El procesado de todos los registros será efectuado en el Instituto Hidrográfico.

(14)

3.2.1.- PROYECTO DE LÍNEAS DE EXPLORACIÓN

A la vista de la batimetría existente, transductor o transductores a emplear y el régimen de corrientes de la zona, se procede a efectuar el proyecto de líneas.

La orientación de las líneas de barrido es un compromiso entre la dirección de los veriles y las corrientes, debiendo seguir lo más aproximadamente posible la dirección de ambas para evitar, tanto los contínuos cambios en la profundidad del pez, como una deriva de éste con relación a la derrota de la embarcación.

Debido a las profundidades a las que debe navegar el sensor, el transductor de 100 Kcs no se utiliza en fondos superiores a 40 m. con anchos de barrido de 200 m. Se podrá utilizar este transductor en fondos superiores a 60m con anchos de barrido de 300m.

Teniendo en cuenta la orientación de las líneas de barrido, los bloques de trabajo se proyectan para la navegación con el sistema de posicionamiento existente.

Si el trabajo a realizar va encaminado al estudio de posibles canales de acceso a puertos, para medidas contraminas, la exploración se debe efectuar hasta el veril de los 200 metros.

Cada línea de barrido se estudia en su totalidad, al objeto de determinar los fondos que se van a encontrar en su recorrido, y prevenir la existencia de algún peligro para el buque o el sensor.

La velocidad idónea de exploración es de 3 a 4 nudos, y la densidad de líneas de registro de 40 a 60 por centímetro. La velocidad del papel registrador (densidad de líneas), es gobernada por el módulo corrector de velocidad, para adecuarla a la del barco. Al módulo es necesario introducirle manualmente el valor de la velocidad del barco obtenida de la lectura del sistema de posicionamiento. Es de la mayor importancia que este valor de la velocidad sea en todo momento el más exacto posible, al objeto de que los registros obtenidos sean de buena calidad.

Para la posterior interpretación de los registros sonográficos es imprescindible la obtención de muestras en aquellos puntos donde el Jefe de Equipo vaya determinando, a la vista de los registros obtenidos. Una vez efectuada la exploración con el sonar lateral, se procederá a la extracción de muestras, las cuales serán enviadas a la Sección de Oceanografía del Instituto Hidrográfico para su análisis.

No obstante y cuando así lo señale la I.N.H., se podrán tomar muestras de fondo en los puntos que se decidan en un análisis a priori, de la zona de trabajo.

3.2.2.- INSTALACIÓN, CALIBRACIÓN Y MANTENIMIENTO

Los componentes del equipo *K-MAPS-IV* son los siguientes:

- Transductor de barrido lateral y penetrador de fondos.

- Registrador gráfico.

- Corrector de velocidad y de distancia oblicua.

- Anotador y procesador de señal.

- Magnetofón de grabación analógico.

- Cable ligero de conexión de 100m de longitud.

- Cable blindado de remolque de 300m de longitud.

- Pasteca cuentametros digital.

- Chigre de maniobra.

(Los dos últimos elementos no son específicos del equipo.)

Al objeto de evitar que sean introducidos ruidos e interferencias en los registros, el equipo se alimenta con 24 voltios, debiéndose utilizar buenas masas para los módulos.

El chigre de maniobra debe ser instalado de forma que el cable de remolque salga claro y hacia crujía.

El cable ligero de 100m se utiliza para la conexión entre el chigre (terminal del cable de remolque) y el registrador gráfico instalado en el puente. En aguas someras se puede utilizar este cable como remolque, haciendo la conexión directa del transductor al registrador gráfico.

Antes de arriar el sensor, se debe calibrar el trazo de color del papel registrador. Una vez arriado, con 10m.de cable de remolque largado, se ajustan los canales de barrido de estribor y babor, así como el del penetrador de fondos, y posteriormente se arría a la profundidad deseada.

El *K-MAPS-IV* proporciona marcas gráfico cada dos minutos. Estos tiempos hay que sincronizarlos con los del equipo de posicionamiento y las marcas del sondador, debiéndose comprobar regularmente.

La corrección por distancia oblicua la introduce automáticamente el mismo módulo de corrección de velocidad y de distancia oblicua.

En fondos no muy aplacerados, se introduce manualmente la distancia al fondo a la que navega el sensor, obtenida del canal del penetrador de fondo.

El registrador va provisto de dos tipos de cuchillas trazadoras: las inferiores (Helix Electrodes) y las superiores (Blade Electrodes).

El cuidado a tener con las cuchillas inferiores debe ser extremo, ya que se parten fácilmente. Las precauciones a seguir son las siguientes:

- Al colocarlas hay que seguir estrictamente las normas que al respecto dicta el fabricante.

- Se colocará el registrador y los módulos sobre gomaespuma, al objeto de atenuar las vibraciones.

- En las evoluciones en las que se aumente la velocidad del barco, se debe parar el registrador, colocándose los protectores de las cuchillas, o bien se deja abierta la tapa del registrador.

- Cada vez que se cambie el papel registrador se deben limpiar las cuchillas, utilizando papel y agua.

La cuchilla superior es mucho más resistente. Después de cada trabajo se debe revisar al objeto de observar si ha sufrido desgaste.

El cable de remolque se debe lavar cada día con agua dulce después del trabajo y se debe adujar correctamente en el chigre, evitando que se monten las vueltas. Además debe ser marcado cada 5m como seguridad, y para caso de avería del cuentametros digital.

El aceite del chigre y el filtro de aceite, se deben cambiarse cada 250 horas de funcionamiento.

Se debe extremar el cuidado en el trato de los transductores, dada la fragilidad de las cerámicas de los mismos.

Todos los días, antes y después del trabajo, se deben lavar estas cerámicas con agua dulce.

Todas las conexiones y enchufes en el sensor deben ser protegidos con vaselina, cambiándola cada tres días.

3.2.3.- NORMAS DURANTE LA EJECUCIÓN DE LOS TRABAJOS

1) JEFE DE EQUIPO:

- Al iniciar la calibración , debe comprobar que todos los interruptores y mandos de los distintos módulos están situados en las posiciones adecuadas.

- Debe vigilar que la distancia al fondo a la que navega el sensor es la correcta,y conocer las peculiaridades de cada línea de barrido, previniendo a los operadores en los lugares en que pueda existir peligro para el sensor remolcado por elevación rápida del fondo.

- Debe conocer en todo momento la longitud del cable de remolque largado, y vigilar en el sondador la profundidad y la tendencia del fondo.

- Debe cuidar que las órdenes de los operadores del sonar al chigre en toldilla sean claras y correctas, y que los enlaces funcionen perfectamente.

- Debe permanecer atento a los registros sonográficos, al objeto de que estos sean de calidad.

- Debe comprobar frecuentemente que el valor de la velocidad introducida en el módulo corrector de velocidad es la adecuada.

- Debe permanecer atento a la corrección por distancia oblicua, ayudando al módulo corrector por introducción manual de la altitud del sensor sobre el fondo, sobre todo en fondos no aplacerados.

- Debe comprobar que existe concordancia entre el número de la situación en los listados del sistema de posicionamiento, las marcas del sondador y las del registrador del sonar.

- Ir determinando, a la vista de los registros sonográficos, los puntos en los cuales posteriormente será necesario la extracción de muestras y de qué tipo, anotando las situaciones de los mismos.

- Cuando se utilicen los transductores de 100 Kcs, y la sonda del lugar así lo aconseje, debe cambiar el ancho de barrido.

- Si se utiliza el magnetófono de grabación, lo debe calibrar al objeto de obtener un registro adecuado.

2) OPERADORES:

- Comprueban que las cuchillas inferiores están bien alineadas, en buen estado y limpias. Dan tonalidad de color al papel, y posteriormente ajustan cada canal hasta conseguir un registro correcto.

- Extreman su atención a la altitud a la cual navega el sensor. Conocen la tendencia del fondo a lo largo de la línea y, con tiempo, mandan cobrar del cable de remolque en prevención de algún peligro. Si es preciso recomiendan aumentar la velocidad del barco.

- Cuidan que el transductor navegue a la profundidad adecuada, mandando arriar o cobrar cable de remolque con ordenes claras y concretas al operador del chigre a través del telefonista, cerciorándose de que las órdenes son recibidas.

- Comprueban y cuidan que haya concordancia entre el número de la situación en los listados del sistema de posicionamiento, las marcas del sondador y los registros gráficos del sonar, los cuales son cada dos minutos.

- Van anotando por medio del teclado alfanumérico, o a mano, en el papel registrador:

* Fecha.

* Numero de situación.

* Longitud del cable de remolque.

* Inicio de cobrar del cable o arriado.

* Incremento de ganancia (TVG).

* Proximidad a boya, buque fondeado u otro accidente destacable

- En el caso de que se usen registros de papel húmedo conservan los rollos de papel registrador en lugares frescos antes de su utilización. Una vez usados los colocan en lugares aireados y soleados para que se sequen perfectamente antes de guardarlos.

3) OFICIAL COMANDANTE DE LA GUARDIA:

- El Oficial Comandante de la Guardia, a menudo, tiene que ejercer también como Jefe del Equipo de Sondas.

- Procura, siempre que las condiciones de navegación lo permitan, atender las recomendaciones relativas a velocidad del buque.

- Vela por el buen funcionamiento del enlace entre el puente y la toldilla.

- Debe estar en contacto contínuo con el Jefe de Equipo para la coordinación del trabajo.

3.3.- PERFILES DE PLAYA

Dado el interés especial que presenta el conocimiento de las pendientes de las playas para las operaciones de desembarco, se deben efectuar medidas de gradientes en todas las playas que tengan una longitud superior a los 500 metros y que estén en la zona de levantamiento.

Estos perfiles de playa son una descripción minuciosa de la topografía de las mismas. Para ello se deben levantar croquis en alzado de los perfiles de la playa en cada una de las cabezas de línea de sondas de bote en las que estén incluidas las sondas del propio bote, las de relleno y las regladas que se den en la dirección de la línea de sondas para determinar la línea de bajamar y todas aquellas regladas en esa dirección que sean necesarias para definir el perfil del terreno en toda la zona de playa. Se deben dibujar los distintos cortes en alzada (perfiles) extendidos hacia tierra unos 100 metros de la línea de pleamar y hacia la mar hasta el veril de 10 metros.

Cuando a juicio del Jefe de la Comisión, las condiciones especiales de alguna playa, por existencia de bajos, piedras u otras obstrucciones, la haga inadecuada para operaciones de desembarco, se debe consultar al Instituto Hidrográfico si procede la obtención de perfiles. Se hará constar en el parcelario mediante la leyenda "Inadecuada para desembarco", si así resultase.

Los perfiles de playa se dibujaran en el parcelario, ampliándose de 5 a 10 veces la dimensión vertical.

Este dibujo puede realizarse por medio de sistemas informatizados como el *surveyor*.

3.4.- MAREAS

La adquisición sistemática de los datos de sonda requiere un conocimiento exacto de la elevación instantánea del nivel de las aguas con relación al nivel de reducción de sondas o "cero hidrográfico" Para ello, tradicionalmente han venido utilizándose medidores de marea, sean éstos manuales (reglas de marea) o automáticos (mareógrafos), bien de instalación fija o eventual.

La medición de mareas tiene, en general, dos objetos bien diferenciados: **(15)**

1.- El cálculo de las constantes armónicas de la marea, que permiten hacer la predicción.

2.- La reducción de las sondas.

Para satisfacer el primer objetivo se ha instalado una serie de mareógrafos fijos en diversos puertos principales. Los cálculos son efectuados por la Sección de Oceanografía del Instituto Hidrográfico, que eventualmente puede requerir la colaboración de un barco hidrográfico en la zona. El cálculo de las constantes armónicas requiere la observación de alturas horarias, durante un período, no inferior a 33 días y más dilatado cuantas más constantes se traten de determinar. **(16)**

Al objeto de la reducción de sondas, en cambio, es necesaria la altura instantánea en el momento de la sonda y las alturas, sean horarias o de pleamares y bajamares, para el cálculo del cero hidrográfico, durante unos 33 días como mínimo. Dado que existen mareógrafos permanentes, se aprovecharán, siempre que sea posible, sus datos, tanto para reducción de sondas como para el cálculo del cero hidrográfico.

De no existir mareógrafo permanente en la zona, se puede instalar uno temporalmente. Por último, la utilización de la regla para el cálculo del cero hidrográfico es extremadamente costosa en términos de personal técnico.

Por todo ello, se exponen a continuación unas normas de generalidad para la observación de la marea, y monumentación de las estaciones de mareas y sobre la reducción de las sondas.

3.4.1.- GENERALIDADES PARA LA OBSERVACIÓN DE MAREAS

La marea instantánea en el momento de la sonda, así como el cero hidrográfico local, han de ser conocidos para poder reducir la sonda. A tal fin, las Instrucciones Normativas de Hidrografía establecen, dentro de las diferentes zonas de levantamiento, en qué puntos concretos (estaciones de marea) han de ser medidas.

Asimismo, y atendiendo tanto a la red mareográfica existente, como a la disponibilidad de mareógrafos portátiles, se dan instrucciones sobre qué estaciones de marea requieren la observación de ciertos períodos para la determinación de sus respectivos ceros hidrográficos.

A tal fin, el personal hidrógrafo de los buques recibe, de la Sección de Oceanografía, material e instrucciones particulares con anterioridad a la campaña. A la finalización de la misma y en el proceso de entrega del material, es importante que el personal del buque se entreviste con el de la Sección de Oceanografía para aclarar todas las dudas.

Para garantizar los datos de marea , siempre que se sonde se deben hacer lecturas de regla de marea en la estación correspondiente. Con posterioridad se puede transferir el cero hidrográfico, calculado con el mareógrafo, a la escala de la regla.

La estación de mareas ha de quedar monumentada al menos en tres puntos próximos, bien asentados y ligados por nivelación geométrica de precisión entre si y con la regla correspondiente. La reseña debe incluir la descripción y ubicación de los medidores (regla y, en su caso, mareógrafo) así como de los hitos correspondientes, tanto gráfica como literalmente.

Las fotografías panorámicas y de detalle, tanto del medidor como de los hitos, son piezas fundamentales en la descripción de la estación de mareas que se conserva en la reseña.

Las reseñas serán elaboradas según el impreso IPH9.001 y cada barco guardará una numeración correlativa, dentro del año en curso.

La reseña también incluirá las diferencias de cota de los ceros de los medidores de marea con cada uno de los hitos. Las cotas de los hitos y medidores con relación al cero hidrográfico (apartado 6 del impreso IPH9.001) deben será introducidas con posterioridad por la Sección de Oceanografía del Instituto Hidrográfico, una vez calculada la altura del cero hidrográfico sobre la escala del medidor (regla o mareógrafo).

Para monumentar las estaciones de marea se utilizan casquillos de 40 mm., con su identificación alfanumérica con los que se proveerá a los barcos. Estos pueden ser colocados tanto vertical como horizontalmente, antes de la nivelación, y de tal forma que la extracción de su emplazamiento sea muy difícil. Para ello pueden introducírsele un par de pasadores transversales, o abrirles pestañas en la boca, antes de su compactado con mortero en el hueco que se haya abierto, previamente, para su alojamiento. En lugares de terrenos rocosos donde no exista posibilidad de horadar, se puede incluir el casquillo en un pilar de mortero.

Es necesario que la monumentación de la estación de mareas quede completa y nivelada antes de comenzar los trabajos de sonda.

Cuando se hagan observaciones de mareas a efectos de determinación del cero hidrográfico, es esencial contar con datos de presión atmosférica, para reducir las lecturas a las correspondientes a presión normal (760 mm. de Hg). Asimismo se deben anotar las condiciones reinantes en viento, en la libreta de mareas, por si éste pudiera estar produciendo acumulación o defecto de aguas que invaliden la medida. En condiciones meteorológicas extremas es preferible prescindir de alguna lectura puntual, dado que es muy difícil generar un modelo local del aporte extra de agua que inducen las condiciones reinantes.

3.4.2.-GENERALIDADES SOBRE EL USO DE LA REGLA

Es muy importante que la regla sea instalada verticalmente, sólidamente fijada al terreno y de forma que siempre sea posible su reinstalación. Debe tomarse la precaución de colocar su cero de forma que nunca quede en seco, para lo que se puede utilizar la predicción del anuario de mareas a la hora en que se va a colocar. Su cero se calará entonces unos decímetros más bajo, previendo exceso en las bajamares por condiciones atmosféricas o por pobre predicción. **(17)**

Cuando se disponga de reseña del cero hidrográfico, no se debe colocar el cero de la regla en coincidencia con él, sino unos tres decímetros más bajo, ya que el cero hidrográfico está calculado para condiciones de presión de 760 mm. y sin tener en cuenta los efectos locales del viento.

La nivelación se debe hacer apoyando el talón de la regla de nivelación sobre el canto superior de la regla de mareas. Debe hacerse doble caminamiento entre la regla y, al menos, uno de los hitos, siguiendo las normas de exactitud de la nivelación de precisión. En parajes de poca marea, la lectura con el nivel puede tomarse directamente sobre la regla de mareas.

El emplazamiento debe elegirse de tal forma que la propia configuración del terreno filtre en lo posible las oscilaciones debidas a oleaje. Por otro lado, el abrigo que le produce el terreno no debe ser tan grande como para provocar retardos o desniveles de importancia con relación a la zona a sondar. **(18)**

Si la reseña de la estación de mareas facilitada por la Sección de Oceanografía no cumplimenta estas normas en lo que a monumentación y referencia se refiere, por ser anterior a la promulgación de la misma o por defecto de forma en su elaboración, la Comisión Hidrográfica asumirá dicha labor y rellenará el impreso IPH9.001, completándolo con la información facilitada por Oceanografía.

Cada vez que se instale la regla en una estación de mareas de la que, por haber sido ocupada en anterior ocasión, ya se dispone de su reseña, se debe remitir, junto con las libretas de mareas y de nivelación, una reseña gráfica y literal de la instalación actual, según el impreso IPH9.002.

El reloj del mareísta debe estar bien sincronizado y en horas TU con el de la embarcación que sonda, y con el del mareógrafo. En caso de que al levantar la estación se observe diferencia, ésta será prorrateada a lo largo de todo el período que duró la observación de mareas.

Es de importancia extrema el adiestrar a los mareistas en el filtrado subjetivo del movimiento del oleaje: el nivel del agua debe ser promediado entre los máximos y mínimos observados durante un período de, al menos, dos minutos, centrado en la hora correspondiente a la observación. **(19)**

Si por causa accidental se produjera una variación anormal en el nivel del agua (paso de un buque y su tren de olas, por ejemplo), se debe esperar a que la oscilación cese para hacer la lectura, aún cuando no coincida en tiempo con el intervalo previsto.

Si la marea se está observando durante el sondeo, se deben tomar lecturas espaciadas 10 minutos.

La regla de mareas no debe ser utilizada, salvo casos de excepción, para el cálculo del cero hidrográfico. Este será transferido desde el mareógrafo, de la misma estación de mareas, o de otra cercana.

3.4.3.- GENERALIDADES SOBRE LOS MAREÓGRAFOS PORTÁTILES

Sea cual sea el tipo de mareógrafo a instalar temporalmente (de presión, acústico, etc.) su emplazamiento ha de ir siempre emparejado al de una regla de mareas, que será utilizada con dos fines:

1.- Tener lectura de mareas durante el trabajo de sondas, en el caso de que el mareógrafo falle.

2.- Referir la cota del cero del mareógrafo a los hitos que monumentan la estación de mareas.

Los mareógrafos utilizados actualmente son de la Firma AANDERAA modelo WLR-7 basado en un sensor de presión. La calibración de estos instrumentos proporciona datos de nivel de marea con una precisión mejor de 1,5 cm. al 90% y una resolución de 0.5 mm.

Las ondulaciones debidas al oleaje se filtran durante un período de 40 segundos centrados en la hora de muestreo.

El mareógrafo contiene un reloj de cuarzo con un circuito disparador que mide el ciclo de muestreo a intervalos de tiempo predeterminados por el usuario, si bien se usará normalmente un intervalo de muestreo de 10 minutos.

El sensor de presión de estos mareógrafos es no diferencial, por lo que los datos están afectados por la presión atmosférica, de ahí la importancia de asegurar por cualquier vía la obtención de los datos de presión atmosférica durante el tiempo que está instalado el mareógrafo.

Cada vez que se instale un mareógrafo temporal, junto con los datos, se remitirán a la Sección de Oceanografía las muestras de agua y las hojas de fondeo y recogida según impreso IPH9.003.

En cuanto al emplazamiento del mareógrafo, son de aplicación las mismas consideraciones que para la regla. De hecho se deben utilizar reglas con dispositivo para alojar mareógrafo. De esta forma, los ceros de regla y mareógrafo coinciden, por lo que al nivelar la regla, quedará a su vez referido el mareógrafo a los mismos puntos en tierra. De no contarse con una regla de este tipo, se enviará una de las disponibles a la Sección de oceanografía de este Instituto para su adaptación.

Para la puesta en marcha del mareógrafo, se seguirán los siguientes pasos:

- Abrir el mareógrafo.

- Seleccionar el tiempo de grabación (generalmente 10 minutos) y comprobación por una segunda persona.

- Conectar la pila de 9 voltios que alimenta el equipo.

- Colocar la memoria sólida "DSU".

- Comprobar que la memoria sólida no se mueve de su encastre.

- Poner el interruptor ON/OFF en ON.

- Comprobar que la frisa de cierre está en el aparato y no en el cilindro o carcasa.

- Comprobar que el mareógrafo graba la primera lectura.

- Cerrar el mareógrafo.

- Colocar y apretar las grapas de cierre con su llave, hasta que se besen las dos partes del equipo, sin forzar.

Finalizada su instalación, se deben tomar al menos seis lecturas de la regla con un intervalo de diez minutos, tratando que se correspondan con los momentos en que el mareógrafo toma lecturas y posteriormente se deben anotar en el impreso IPH9.003.

En las dos horas previas al levantamiento del mareógrafo se debe comenzar a observar una serie de seis alturas de marea en la regla a intervalos de diez minutos, y se anotarán en el impreso IPH9.003.

En el momento de la instalación y de la recogida se tomará una muestra de agua y se anotará la temperatura del agua al objeto de determinar la densidad del agua de mar para transformar la presión que soporta el mareógrafo en altura de columna de agua de mar.

La muestra de agua se toma en las botellas suministradas a tal efecto por la Sección de Oceanografía de este Instituto. Las botellas se enjuagan al menos dos veces con el agua de mar del lugar donde se va a tomar la muestra.

Para recoger la muestra de agua, se introduce la botella cerrada hasta una profundidad de unos 30 cm., a continuación se abre la botella y se deja que se llene por completo. Una vez llena, se vuelve a colocar el tapón, todo ello antes de sacar la botella del agua.

La experiencia acumulada con los actuales mareógrafos de presión Aanderaa aconseja su puesta en estación por períodos no superiores a los dos meses.

Cuando fallen las baterías o las memorias, o simplemente se pierda el mareógrafo, será necesaria su reinstalación durante un nuevo período. Sin embargo las lecturas de la regla efectuadas durante el sondaje todavía pueden ser explotables para la reducción de la sonda. Para ello, se volverán a instalar mareógrafo y regla con referencia a los hitos que monumentan la estación. El cálculo del cero hidrográfico en la escala de la regla, no obstante, debe quedar diferido al del mareógrafo, tras la observación completa de al menos 33 días.

En determinadas circunstancias, puede ser necesario instalar un mareógrafo en mar abierto, o donde no sea posible la colocación de una regla. En tales casos, el mareógrafo se fondeará incluido en un cilindro de P.V.C. que va firme a una cruceta de hierro que le sirve de lastre, o bien dentro de un muerto de cemento. Ambos dispositivos deben ser facilitados por la Sección de Oceanografía del Instituto Hidrográfico.

Cualquiera que sea el sistema de fondeo, se debe dotar al muerto de una caña de al menos dos metros, con un boyarín, a fin de que, si queda enterrado el equipo, pueda ser recuperado.

También, cuando se realice este tipo de fondeo, se debe tomar muestra de agua y se anotará la temperatura. Al no ser posible realizar una nivelación de precisión en estos casos, no se pueden utilizar los datos obtenidos por esta vía para el cálculo del cero hidrográfico. Este se debe transferir desde una estación cercana, con lo que el instrumento necesita permanecer en estación únicamente el tiempo que dure el levantamiento y la validez del cero hidrográfico será solo para ese periodo.

3.4.4.- REDUCCIÓN DE LAS SONDAS

Los datos de todas las estaciones de marea contempladas en la Instrucción Normativa, sean analógicos o digitales, se remiten a la Sección de Oceanografía del Instituto Hidrográfico, en cuanto están disponibles. Esta calcula el cero hidrográfico de cada estación, a aplicar en cada área concreta. Los datos deben ser proporcionados al barco para efectuar la reducción de sondas.

Al objeto de no retrasar los procesados, la Sección de oceanografía, a la vista de los primeros datos, puede establecer un Cero Hidrográfico provisional, que comunicará al barco por medio del impreso IPH9.004 al efecto. Esta circunstancia se reflejará en la Memoria del Parcelario, quedando la reducción final de la sonda pendiente del cálculo del Cero Hidrográfico definitivo.

Los procesados previos, no obstante, pueden hacerse también utilizando un datum de sondas provisional, deducido de la predicción del anuario de mareas, y las lecturas de la regla. Esta circunstancia se debe hacer constar en la memoria del parcelario.

Si el cero hidrográfico es conocido previamente, las lecturas de la regla pueden ser corregidas al cero hidrográfico, y utilizadas como valores definitivos en los procesados.

3.5.- CORRIENTES

La velocidad y dirección de las corrientes y corrientes de mareas que pudieran exceder de 0.2 nudos, deben observarse a la entrada de puertos y canales, en cada cambio de dirección de las canales, en zonas de fondeo y adyacentes a embarcaderos o muelles. Es deseable medir también las corrientes costeras y de alta mar cuando sean lo suficientemente fuertes para afectar a la navegación.

La corriente en cada punto debe medirse a profundidades entre 3 y 10 metros. Cuando la amplitud de la marea sea importante, las mediciones se deben hacer en horas de marea viva y marea muerta, durante un período de al menos 26 horas. Se deben hacer también observaciones simultaneas de la altura de la marea.

La velocidad y dirección de la corriente se mide con una precisión de una décima de nudo y diez grados respectivamente.

Si los barcos no cuentan para estas mediciones con correntímetros propios, los deben solicitar al Instituto Hidrográfico para cada campaña concreta.

3.6.- MAGNETISMO

La declinación magnética es un dato de obligada inclusión en las cartas de navegación. Mientras no se cuente con equipos más modernos, es necesario medir primeramente la declinación magnética en tres puntos de tierra comprendidos en la carta, dos de ellos en las proximidades de los marcos y un tercero en el centro.

Para ello se estaciona un declinatorio (T-0) en un vértice o punto destacado de la restitución y se miden una serie de seis lecturas de acimut magnético a otro punto semejante, comparándolo con el acimut geodésico entre ellos. Es importante que en las inmediaciones del punto donde se estaciona no haya materiales magnéticos que produzcan anomalías. Hay que anotar la hora de la observación para su posterior corrección por marea magnética en el Instituto Hidrográfico.

Por último hay que medir la declinación magnética en la mar, en un punto próximo al centro del parcelario. Para ello y a falta de otros equipos, se usa la aguja magnética de a bordo, que debe estar bien compensada, y de la que previamente se debe haber calculado el coeficiente "A" o desviación de la línea de fe.

La declinación magnética resulta de restarle este coeficiente al promedio de los desvíos a los ocho rumbos cuadrantales, tomados evolucionando con el barco a ambas bandas y por comparación de los acimútes magnéticos y verdaderos al sol u otro astro cuando se halle a poca altura sobre el horizonte. A cada uno de los rumbos se debe permanecer un mínimo de dos minutos para que se estabilice la aguja y hacer cinco medidas de acimut consecutivas.

3.7.- <u>GEOLOGIA Y CALIDADES</u>

Se deben tomar muestras de fondo en profundidades inferiores a 100 metros para obtener información para fondeos. Como norma general e independientemente de otros medios también usados para estudiar la naturaleza del fondo (sonar de barrido lateral, buceadores, etc.) las muestras de fondo se toman con cuchara extractora a intervalos de 10 cm. en la escala del levantamiento.

En zonas de fondeo las muestras de fondo se toman al centímetro gráfico a fin de definir los limites entre los diferentes tipos de fondo.

REFERENCIAS CAPÍTULO III

(1) GANDARIAS V., *Manual del Hidrógrafo*, Inst.Hidrogr.Mar., Cádiz, 1959, p.123.

(2) OHI, *Standards for Hydrographic Surveys*, Inter.Hydro.Org., Monaco, 1997, p.10.

(3) Ibídem, p.21.

(4) GANDARIAS V., Op.Cit., 1959, p.126.

(5) OHI, Op.Cit., 1997, p.22.

(6) OHI, Op.Cit., 1997, p.5.

(7) RIBAS R., *Manual del Suboficial Hidrógrafo*, Inst.Hidrogr.Mar., 1959.

(8) MORENO DE ALBORAN F., *Cartografía y buques hidrográficos*, Tecnograf., Barcelona, 1984.

(9) EATON R.M., *Satellite navigation in hydrography*, Revista Hidrográfica Internacional, Vol.LIII-N°1, 1976, pp.3-50.

134

(10) PARDO M., *Guía del Posicionamiento GPS*, Inst.Hidrogr.Mar., Cádiz, 1996, pp.85-91.

(11) DIEZ R., *Geografía de las Profundidades*, Rev.Esp.Def., Año.X-N°CVII, 1997, pp.34-37.

(12) Ibídem

(13) SHIME, *Sistema Integrado de la Marina Española*, Gpsnav., Madrid, 1996.

(14) ABARZUZA J., *Sonar de barrido lateral y penetradores de sedimentos*, Inst.Hidrogr.Mar., Cádiz, 1991.

(15) GANDARIAS V., *Manual del Hidrógrafo*, Inst.Hidrogr.Mar., Cádiz, 1959, p.59.

(16) Ibídem, p.72.

(17) GANDARIAS V., Op.Cit., 1959, p.61.

(18) GANDARIAS V., Op.Cit., 1959, p.60.

(19) GANDARIAS V., Op.Cit., 1959, p.61.

CAPÍTULO IV

MEMORIA DE UN LEVANTAMIENTO HIDROGRÁFICO

4.1.- DESCRIPCIÓN

La *memoria* debe ser una descripción general de los trabajos, acaecimientos y acciones tomadas para la ejecución del levantamiento. La memoria debe permitir hacerse una idea general de las distintas fases del trabajo, así como de los problemas o inconvenientes encontrados en el cumplimiento de las tareas ordenadas.

Un aspecto esencial de la memoria es la descripción, en forma literal, de todas aquellas acciones o manipulaciones de los datos que por su carácter simbólico (gráficos o numéricos), puedan dar origen a confusión o ambigüedad.

El principal objeto de la memoria debe ser, pues, el permitir una interpretación inequívoca de cuantos datos se aporten.

Asimismo deben incluirse todos aquellos comentarios u observaciones que el Jefe de la Comisión considere de utilidad para la mejora de la doctrina hidrográfica.

La memoria de un parcelario debe circular por todas las secciones del Instituto Hidrográfico para su conocimiento.

La memoria se compone de los apartados que figuran en este capítulo. A continuación de la explicación de cada apartado veremos diferentes ejemplos que han sido extraídos de memorias de levantamientos hidrográficos reales.

4.1.1.- INTRODUCCIÓN

a) Descripción de los pasos seguidos para la ejecución del parcelario:

Ej: El trabajo del levantamiento se efectuó siguiendo fases de:

- Reconocimiento del terreno para elegir los puntos óptimos para la instalación del equipo G.P.S. diferencial.

- Medición de puntos para establecer una R.C.H. adecuada a los trabajos de taquimetrías y delimitación de playas que fueron necesarias realizar.

- Instalación y monumentación de la regla de mareas en el puerto de Villajoyosa.

- Sondas de barco y bote con el sistema de posicionamiento G.P.S. diferencial y SHIME para la recogida y proceso de datos.

- Delimitación de la pleamar en la playa de San Juan.

- Determinación de la declinación magnética en tierra.

- Trabajos encomendados de comprobación a los libros de faros y derroteros.

b) Instrucción normativa y orden de operaciones que se cumplimentó:

Ej: Se cumplimentó la Instrucción Normativa de Hidrografía número 03/99 del Director del Instituto Hidrográfico.

c) Personal hidrógrafo que participó en los trabajos, indicando fechas de embarque y cese.

d) Visitas y recursos solicitados a distintos organismos o particulares:

Ej: Se giró visita a la Autoridad Portuaria de Alicante obteniéndose diversa información y colaboración para el acceso a los faros de la zona, así como para el suministro de agua potable y electricidad.

e) Calendario de estancias en puerto, obras, trabajos de campo, sondas de bote y barco.

Ej: El levantamiento se efectuó de acuerdo al siguiente calendario:

AÑO 1997

FEBRERO:

Día 20.- Instalación y Nivelación regla de mareas en Villajoyosa.

Día 21.- Instalación G.P.S. diferencial en vértice I.G.N. Rompeolas y comprobación con I.G.N. Calvario.

Dia 24 a 26 .- Sondas de barco.

MARZO:

Día 03 a 17.- Sondas de bote.

Día 24 a 26.- Medición puntos R.C.H.

ABRIL:

Dia 1.- Taquimetría en playa de San Juan y obtención de la declinación magnética.

Día 7 a 21.- Sondas de barco

Día 23.- Retirada del G.P.S. y regla de mareas.

4.1.2.- **TRABAJOS DE CAMPO**

a) Circunstancias que aconsejaron adoptar los diferentes vértices de partida para el establecimiento de la R.C.H.

Ej: Se adoptaron los vértices I.G.N. más cercanos a los puntos de la costa donde era aconsejable establecer una R.C.H. adecuada para ser utilizada como puntos de partida y recalada de las taquimetrías que eran necesarias efectuar.

b) Descripción de la R.C.H. que se estableció:

Ej: Se efectuó la R.C.H. poligonal siguiente: I.G.N. Huertas- RCH1 San Juan- RCH2 San Juan- RCH3 San Juan- IGN Rompeolas.

c) Descripción somera de las medidas efectuadas:

Ej: Ver apartado croquis RCH

d) Comprobaciones topográficas o de la restitución efectuadas:

Ej: Debido a las variaciones observadas respecto a la cartografía existente se realizó la delimitación de la pleamar en la playa de San Juan.

e) Estaciones de marea que se establecieron, con los instrumentos utilizados y su monumentación:

Ej: Se instaló la regla de mareas en el puerto de Villajoyosa comprobándose su monumentación y adecuándola a lo establecido en la normativa.

4.1.3.- SONDAS

a) Descripción de los distintos proyectos o bloques de líneas de sonda efectuados:

Ej: Para la realización del parcelario se efectuó un proyecto de líneas para las sondas de barco y tres bloque para el bote.

b) Medios de posicionamiento utilizados en cada uno de ellos:

Ej: Se utilizó el sistema de posicionamiento GPS diferencial, estableciéndose la estación base en los vértices IGN Rompeolas y Sierra Helada.

c) Puntos de calibración y descripción de cómo se efectuó ésta:

Ej: Se efectuaron las comprobaciones a la instalación de la Estación base GPS en los IGN Calvario, Huertas y Altea.

d) Calibración, ajustes y correcciones de velocidad del sonido aplicadas a los sondadores:

Ej: Se efectuaron correcciones de sondaleza para ajustar la velocidad del sonido en el agua, mediante el uso de ábacos y registros históricos.

e) Reducciones que se hicieron a las sondas medidas:

Ej: Se efectuaron las reducciones a las sondas obtenidas de acuerdo al "Lo" de la regla de mareas instalada en el puerto de Villajoyosa.

f) Comprobaciones de sondas y exploraciones efectuadas:

Ej: Se efectuaron un total de siete líneas de control no apreciándose diferencias en las intersecciones con las líneas del proyecto.

4.1.4.- TRABAJOS COMPLEMENTARIOS

a) Descripción del procedimiento para la medición de mareas:

Ej: Para la medición de mareas, se instaló una regla de mareas en el puerto de Villajoyosa.

b) Medidas de declinación magnética en tierra y en la mar:

Ej: Se efectuaron mediciones de la declinación magnética entre los puntos RCH3 y RCH1 de playa de San Juan, y RCH Torre Illetas – IGN Rejas, y entre IGN Rejas – RCH Luz Verde Campello.

c) Medidas de corrientes

d) Tomas de vistas de costa:

Ej: Se efectuaron tomas de vistas de costas de la zona comprendida en el parcelario.

e) Sondas de tránsito efectuadas

f) Comunicaciones habidas que dieran origen a "Avisos a los Navegantes"

g) Comprobaciones que se hicieron a las Publicaciones Náuticas en vigor:

Ej: Se efectuaron las correcciones a los Derroteros y Libros de Faros de la zona comprendida en el parcelario.

4.1.5.- AVERÍAS

a) De los diferentes equipos de trabajo en tierra

b) De los equipos de radioposicionamiento:

Ej: El día 3 de Marzo se avería el equipo GPS base TRIMBLE, siendo enviado al Instituto Hidrográfico para su reparación. Es sustituido por un equipo GPS ASTECH.

    c) De los equipos de sondas:

Ej: El día 18 de Marzo se avería el sensor del TSS del bote, siendo enviado al Instituto Hidrográfico para su reparación.

    d) De los equipos del buque y botes:

Ej: El día 18 de Febrero se produce la rotura de la horquilla de sujeción de la cola del bote n° 2. Se cursa parte de mantenimiento correspondiente y es reparado por talleres "Náutica Alicante" de dicha ciudad.

4.1.6.- GENERALIDADES

Comentarios de aquellos acaecimientos de relevancia, ajenos a los trabajos hidrográficos, ocurridos en el desarrollo de éstos:

Ej: La habitabilidad y la escasez de personal al no estar cubierta la plantilla, obliga a un mayor esfuerzo para poder conseguir los objetivos de cada campaña.

Ej: El poder contar con un sistema GPS asignado permanentemente al buque facilitaría los trabajos en la campaña y permitiría el adiestramiento en la base del personal.

4.2.- CROQUIS DE LA R.C.H.

En dicho croquis se reflejarán los diferentes sistemas por los que se ha establecido la RCH: triangulación, poligonal, intersección y radiación.

Ej: Se adjuntan croquis de la R.C.H. establecida.

Poligonal abierta IGN Huertas – RCH1 San Juan – RCH2 San Juan – RCH3 San Juan – IGN Rompeolas:

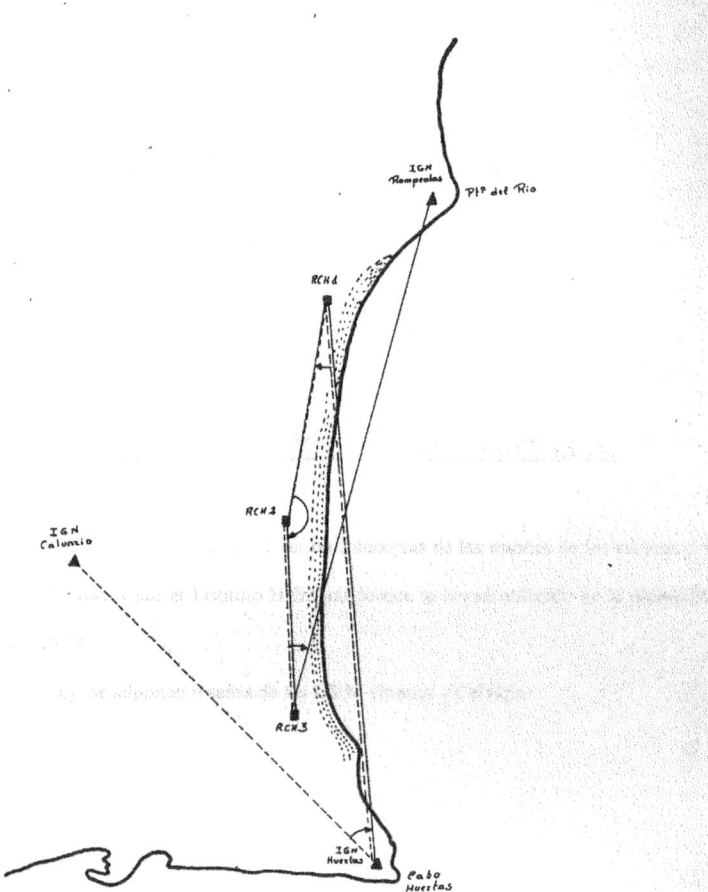

4.3.- <u>RESEÑAS DE VÉRTICES DEL I.G.N.</u>

En este apartado se incluirán las fotocopias de las reseñas de los vértices del

IGN facilitados por el Instituto Hidrográfico que se hayan utilizado en la obtención

de la RCH:

Ej: Se adjuntan reseñas de los I.G.N. Huertas y Calvario:

PROYECTO DE SEÑAL GEODESICA DE ORDEN INFERIOR ELABORADO POR EL INGENIERO

Técnico en Topografía D. ....A. M. MUÑOZ DELGADO....

Destino en ....MADRID....

Nombre: CALVARIO	Provincia: ALICANTE
R.O.I. Número: 87224	Municipio: MUCHAMIEL
Coordenadas geográficas aproximadas Longitud: -0° 27' 10" Latitud: 38° 24' 10" Altitud: 101 m.	Descripción de la señal existente: DE LA SEÑAL ANTIGUA SOLO QUEDAN VESTIGIOS.
Situación respecto de la antigua red: EXACTAMENTE EN EL MISMO LUGAR.	Obra proyectada: SEÑAL REGLAMEN- TARIA TIPO C-1 DE 1 m. DE ALTURA CON CIMIENTOS.
Reseña: EN LA PARTE MAS ELE- VADA DEL "ALTO DEL CALVARIO"	Presupuesto de la obra Precio n.° 1 6 5 P.2 m. a P.3 m. a P.4 m. a Acarreos Otros Presupuesto total en ptas.

$\varphi N = 38,24163410$
$\lambda W = -0,27105451$
$H = 100,7$
$X = 722418,837$
$Y = 4253848,262$

Acceso: POR LA CARRETERA A-214 DE SAN JUAN DE ALICANTE A SAN VI-CENTE DEL RASPEIG. EN EL KM. 8,700, JUNTO AL CEMENTE-RIO, PARTE LA CARRETERA DE ACCESO A LA URBANIZACION GIALMA, CUYA ENTRADA ESTA A UNOS 200 m. EL MONTE CALVARIO CIERRA LA URBANIZACION POR EL SW Y EL VERTICE ESTA A UNOS 150 MTS. DE LAS CASAS DE LA PARTE ALTA, HACIA EL S.	Itinerario gráfico:

Propietario D. AYUNTAMIENTO DE MUCHAMIEL Teléf.: Domicilio: Localidad:	Autorización de la propiedad: SOLICITADO POR CARTA, AL DELEGADO REGIONAL Recibida confirmación.

www.ingramcontent.com/pod-product-compliance
Lightning Source LLC
Chambersburg PA
CBHW051921170526
45168CB00001B/483